송선미의 러블리 스킨

Lovely
Skin

송선미의 러블리 스킨

Lovely Skin

송선미 지음

살림Life

Prologue

작은 얼굴, 긴 팔다리, 오목조목 예쁜 이목구비는 선천적으로 타고나야 한다. 피부 역시 타고나야 한다는 생각을 갖는 이들이 대부분이다. 나 역시 마찬가지였다. 하지만 아무리 타고난 피부라 해도 무관심 속에서는 그 수명이 결코 길지 않다. 참 다행인 것은 후천적으로도 누구나 피부 미인이 될 수 있다는 것이다. 조금만 관심을 갖고 스스로를 아끼고 사랑한다면 얼마든지 가능하다.

미인을 결정하는 기준은 어쩌면 우리 스스로가 만들어낸, 세상을 보는 지극히 작은 틀이 아닐까? 그 작고 답답한 틀을 과감하게 깨고 당당하게 살 수 있다면 좋겠지만 아름다움에 대한 갈증들은 포기하기가 그리 쉽지 않다. 하지만 그 갈증을 채워줄 해답은 의외로 간단하다. 바로 나 자신을 사랑하는 방법을 찾는 것! 사랑하는 자신을 위해 몸에 좋은 음식을 먹고, 좀 더 긍정적인 생각을 갖고, 건강에 해로운 생활습관을 버리는 것이다. 미인들의 공통점 중 가장 기본이 되는 것이기도 하다.

이 책에는 피부를 아름답게 가꾸는 소소한 이야기들이 담겨 있다. 어쩌면 텔레비전, 인터넷, 매거진을 통해서 한 번쯤 접했던 이야기들일 수도 있다. 낯설지 않은 쉬운 이야기, 알고는 있지만 실천하지 않았던 노하우, 자신을 사랑하는 아주 작은 방법들에 대해 말해주고 싶었기 때문이다.

나는 이 책을 통해 내가 그랬던 것처럼 많은 사람들이 스스로 예뻐지기 위해 노력하면서 자신을 사랑하는 방법을 자연스럽게 찾아가길 바란다. 그리고 더 나아가 자신의 주변까지도 사랑하고 돌아볼 수 있길 진심으로 바란다.

Lovely Skin

Lovely Skin

My wannabe
Lovely Skin

Intro

도자기 피부,
답은 이너 뷰티에 있다!

10년 넘게 연기를 하면서 수많은 사람들을 만났다. 그때마다 사람들은 내게 두 가지 인사를 건넨다. "얼굴이 어쩜 그리 작으세요?" "피부가 정말 좋으시네요." 그리곤 기다렸다는 듯 그 비결을 묻는다. 얼굴 크기야 내 맘대로 늘이고 줄일 수 없는 부분, 부모님께서 물려주신 그대로고 피부 역시 특별히 관리하는 게 없다고 말하곤 하는데, 그때마다 그들의 눈빛에서 속마음을 읽는다. '거짓말!'

연예인에게 피부 관리의 비결이 뭐냐고 묻는 사람들은 대부분 기대하는 대답이 정해져 있다. "월요일은 OO피부과에서 비타민 케어를 받고 수요일에는 청담동 OO에스테틱에서 마사지를, 금요일에는 OOOO에서 스파를 즐겨요!" 연예인에게는 그게 의무이고 또 그렇게 관리하기 때문에 피부가 좋을 수밖에 없다고 위안을 삼고 싶을 테니까. "거봐, 돈만 있으면 나도 저렇게 된다니까!" 하고 말이다.

뭐, 좋다. 매주 피부과와 에스테틱의 케어를 받는다 치자. 그래봐야 일반인들과 동등한 피부 조건을 만드는 것일 뿐 우리에게 플러스가 되는 것은 결코 아니다. 왕성한 활동을 하고 있는 연예인들은 매일 살인적인 스케줄을 소화하느라 제대로 먹고 자지 못한다. 두꺼운 방송용 메이크업으로 뜨거운 조명 아래, 땡볕 아래, 몇 시간이고 그대로 피부를 맡길 수밖에 없다. 최악의 조건을 가진 라이프스타일에 피부과와 에스테틱의 케어를 끼워 넣는 게 그리 대단한 카드가 아니란 얘기다. 따라서 케어만 받으면 누구나 피부가 좋아질 수 있다고 생각하고 그런 케어를 받지 못하기 때문에 피부가 망가지고 있다는 생각부터 버려야 한다.

좋은 피부를 만들기 위한 내 철학은 지극히 기본적인 것이다. 클렌징을 잘하면 피부가 깨끗해지고 피부에 좋은 음식을 먹으면 당연히 피부가 좋아지며 운동을 하면 혈액순환을 도와 피부가 탄력을 찾고 맑아진다.

물론 다들 알고 있는 식상한 이야기일 것이다. 그렇다. 피부는 이 식상한 이론을 얼마나 잘 실천하느냐에 따라 좋아지고 나빠진다. 뭔가 대단한 피부 관리 비법이 있는 것도 아니고 어마어마한 노하우가 있는 게 아니다. 그래서 매번 질문을 받을 때마다 특별히 관리하는 게 없다고 말하는 것인지도 모른다. 내가 하는 건 그다지 특별한 관리가 아니니까.

20대까지만 해도 나는 피부에 그다지 큰 신경을 쓰지 않았다. 워낙 좋은 피부를 가지고 계신 어머니를 보며 "엄마 딸인데, 나도 저렇게 나이 들어가겠지!" 하고 방심한 탓도 있다. 기본적으로 건강음식을 챙겨 먹고 클렌징에 최선을 다한 것 외에 별 다른 관리를 하지 않고 보낸 20대. 그래도 만나는 사람마다 어서 빨리 피부 관리의 명쾌한 해답을 내놓으라며 피부에 대한 찬사를 아끼지 않았다. 그러나 30대로 접어들면서 내 피부에도 위기가 찾아왔다. 장시간 메이크업을 하고 있으면 볼이 당기고 트러블도 하나 둘 생겨났다. 그렇다. 부모님께 물려받은 찬란한 피부로 아름답게 사는 세월은 20대에서 끝이다. 30대의 피부는 '20대의 찬란한 피부를 어떻게 관리해왔는가.'에 대한 일종의 성적표로 생각할 수 있다. 만약 아름다운 피부를 물려받지 못했다면 바짝 긴장하고 더 노력해야 한다. 건강을 지키고 올바른 라이프스타일을 생활화해야 하며 좋은 식습관을 갖고 매일 피부에 관심을 가져야 한다. 지금 아무리 좋은 피부를 가지고 있다고 해도 꾸준히 관리하지 않는다면 30대, 40대에도 좋은 피부가 유지될 거라고 아무도 장담하지 못한다.

좋은 피부의 기본은 몸속부터 아름답게 가꾸는 '이너 뷰티'다. 최고급 에스테틱 케어도 아니고 모 연예인이 쓴다는 고가의 화장품도 아니다. 피로가 누적되어 간과 위장 기능이 약해지고 매일같이 스트레스에 시달리며 잘못된 식습관으로 장의 운동이 원활하지 못하면 아무리 타고난 피부 미인이라 해도 결코 그 아름다움이 오래가지 못한다. 몸속 건강이 나쁘면 피부에 바로 나타나기 때문이다.

엉망인 식습관과 건강을 해치는 라이프스타일을 고집하면서 좋은 피부를 꿈꾼다는 것은 지나친 욕심이다. 피부가 좋아지려면 건강부터 챙겨야 한다. 아무리 최고의 케어를 받는다고 해도 피부 속까지 맑고 생기 있어지는 것은 아니다. 외적으로만 하는 관리는 절대 오래 가지 못한다.

어려서는 건강이 썩 좋지 않았다. 특별한 병이 있었던 건 아니지만 '툭'! 치면 '퍽'! 하고 쓰러지는 그야말로 허약체질. 운동장 조회 시간이면 교장선생님 말씀이 끝나기도 전에 쓰러졌고 오랜 시간 차를 타지도 못했다. 이런 과거를 심각하게 얘기하면 많은 사람들이 "부럽다. 여자로 태어났으면 그렇게 연약해 보이는 것도 좋지." 하며 웃음으로 넘긴다. 하지만 나는 항상 허약체질을 달고 살아야 하는 하루하루가 너무 괴로웠다.

그래서 매일 건강해지려고 노력했다. 맛이나 향이 이상해도 몸에 좋다는 건강식품은 마다하지 않았다. 홍삼, 마카, 노니, 히알우론산, 심지어 흑염소까지. 사실 지금도 건강에 좋다는 음식은 뭐든 일단 먹고 보는 스타일이다. 그래서 주변 사람들이 "넌 쥐약이라도 몸에 좋다면 바로 먹을 걸?" 하며 농담을 한다.

나는 그렇다. 동료들이 새로 나온 미용제품에 열광할 때 새로 알게 된 건강식품에 더 기뻐한다. 남들이 고가의 화장품에 투자할 때 피로를 풀어주는 음식에 열광한다. 기능성을 강조하는 탄력 제품이나 화이트닝 제품보다 몸의 라인을 잡아주고 스트레스를 풀어주는 운동을 사랑한다. 또 피부과의 새로운 시술이 유행처럼 퍼질 때 스트레스를 풀 방법과 느긋한 마음을 갖는 법을 터득했다. 물론 외적인 관리도 중요하다. 하지만 좋은 피부의 기본이 되는 것은 몸속부터 케어하는 것이다. 더 진화된 화이트닝 기능의 제품이 쏟아져나오고 최강 수분제품이 등장한다 해도 몸속 케어가 아름다움의 기본이 된다는 것만은 변함없는 진리다. 피부를 괴롭히지 마라. 괴롭히지 않는다면 피부는 괴로워하지 않는다. 그저 자연스럽게, 무리하지 말고 최소한의 관심을 지속적으로 갖는 것이 중요하다. 그게 피부가 편안해지는 최고의 방법이다.

My wannabe
Lovely Skin

Lovely Skin 1.

Cleansing

매일 피부에 쌓이는 유분, 먼지, 각질은 모공을 막고
피부에 자극을 주는 주범이다. 이런 오염 물질을 "될 대로 되라!"는
식으로 방치하거나 쏟아지는 정보의 홍수 속에 못된 정보만
습득했다면 평생 도자기 피부는 포기해야 할지도 모른다.
피부에 트러블을 가져오는 원인을 제거해 최악으로
치닫는 것을 예방하는 스킨케어가 바로 클렌징이기 때문이다.

잊을만하면 불어오는 황사바람. 컴퓨터 사고 한 번도 닦지 않은 모니터. 과자 부스러기와 먼지로 뒤덮인 키보드. 화장실 변기보다 더 럽다는 휴대폰. 그리고 수십만 명쯤 되는, 얼굴도 모르는 이들이 잡았을 버스의 손잡이. 오염된 환경을 완전히 피해 무균실에 갇혀 지낼 수 있다면 클렌징쯤이야 생략해도 좋다.

내일을 위한 피부관리의 첫 단계

매일 피부에 쌓이는 유분, 먼지, 각질은 모공을 막고 피부에 자극을 주는 주범이다. 이런 오염 물질을 "될 대로 되라!"는 식으로 방치하거나 쏟아지는 정보의 홍수 속에 못된 정보만 습득했다면 평생 도 자기 피부는 포기해야 할지도 모른다. 피부에 트러블을 가져오는 원인을 제거해 최악으로 치닫는 것을 예방하는 스킨케어가 바로 클렌징이기 때문이다.

그렇다. 클렌징은 피부 트러블의 예방에서 가장 첫 번째 단계인 셈이다. 클렌징이 바로 된 후에야 비로소 모든 스킨케어가 의도한 대로 이루어질 수 있다. 클렌징을 단순히 오염 물질만 닦아내는 역할로 과소평가해서는 안 된다. 각종 메이크업 제품, 안티에이징, 트러블, 화이트닝, 보습 케어에 사용되는 제품 속 효능과 성분이 더욱 효과적으로 흡수되어 작용할 수 있도록 돕는 역할을 한다.

한 병에 10만 원을 훌쩍 넘기는 고가의 탄력 크림과 에센스를 얼굴에 범벅을 해도 깨끗이 정리되지 않은 피부에 바르면 아무 소용이 없다. 이제 대충 닦아내기만 했던 클렌징 습관은 버려야 한다. 집에 돌아와 클렌징을 하지 않거나 대충 닦아내는 것. 그것은 내일 최악의 피부 컨디션을 맞이해도 상관없다는 배짱과 같다.

매끄럽고 탱탱하며 빛나는 완소 피부를 희망한다면 클렌징 습관을 되돌아보고 올바른 테크닉을 익혀 클렌저 고르는 지식을 습득하는 것이 시급하다. 이제 칙칙한 피부톤, 오렌지 껍질처럼 뻥뻥 뚫린 당신의 모공에 작별을 고하자.

Basic cleansing

우윳빛 피부를 만드는 클렌징 기초

새벽 3시, 촬영을 마치고 녹초가 되어 집으로 돌아오면 잠시 고민
에 빠진다. "클렌징…, 오늘은 하지 말고 그냥 잘까?" 침대에 몸을
반만 걸치고 누워 있다 결국 내일을 위해 자리를 박차고 일어난다.
T.T 그렇다. 클렌징은 오늘이 아닌 내일을 위한 뷰티 케어다. 귀찮
고 힘들다고 그대로 잠자리에 든다면 아침에 턱까지 내려오는 다크
서클, 한두 개쯤 늘어난 뾰루지, 오렌지 껍질 같은 모공, 번들번들
한 T존을 맞이해야 한다. 광채를 뿜어내며 동안 피부의 노하우를
블라 블라~ 읊어대는 연예인 피부를 꿈꾼다면 밤마다 클렌징에 매
진해라.

맑고 깨끗한 피부를 위한 **클렌징 스킬**

피지 분비량이 많고 오염 물질에 노출되는 빈도가 높다면 다른 거 다 필요 없다. 스킨케어의 가장 첫 번째 단계인 클렌징어만 올인해도 일단 반은 먹고 들어가는 거다. 모든 스킨케어의 기본이 되는 클렌징 스킬은 그다지 어렵지도, 복잡하지도 않다. '어떻게 하면 빨리 끝낼 수 있을까?'를 고민하지 말고 '어떻게 하면 완벽하게 끝낼 수 있을까?'를 연구해라. 꼭 알아둬야 하는 센스 있는 클렌징 스킬만을 모았다.

1. 세안하기 전 손부터 씻는다.
대부분 세안을 할 때 손에 클렌저를 덜어 손 세정과 겸하는 경우가 많다. 손을 씻지 않고 세안을 하면 손에 있는 오염 물질이 클렌저와 함께 얼굴에 범벅이 된다. 반드시 손부터 씻고 깨끗한 손으로 세안하자.

2. 메이크업을 했다면 반드시 이중세안을 한다.
덧바른 자외선 차단제, 모공을 커버해주는 BB크림, 스모키한 아이메이크업, 키스를 부르는 글로시한 립 컬러, 땀과 물에도 끄떡없는 믿음직한 마스카라. 매일 마주하는 완소 뷰티 아이템이다. 자외선을 차단하고 피부톤을 잡아주며 섹시하게, 때론 청순하게 만들어주는 아이템이지만 피부에 매일 가학행위를 하고 있는 것이나 다름없다. 집에 돌아오면 바로 피부 타입에 따라 로션, 젤, 크림, 오일, 워터 타입의 세안제로 1차 세안을 하고 폼 클렌저로 마무리하자. 단, 민감성 피부나 극심한 건성피부의 경우 자극 없는 세안제를 선택할 것.

3. 체온과 비슷한 미지근한 물로 세안한다.
세안 첫 단계에 찬물로 씻어내는 것은 오히려 모공 속의 피지를 굳게 만들어 노폐물을 쌓이게 한다. 피지는 버터와도 같기 때문에 차가운 물에는 굳고 따뜻한 물에는 녹는 성질을 가지고 있다. 체온과 비슷한 미지근한 물로 모공을 충분히 연 상태에서 세안을 해 모공 속에 들어 있는 피지와 각질, 땀 등을 제거해야 한다.

4. 손바닥이 아닌, 손가락을 이용한다.

몇 해 전, 거품도 안 낸 폼 클렌저를 얼굴에 바르고 손바닥으로 벅벅 문질러댄 후 물로 헹궈내더
니 시원하다고 자랑하던 클렌저 광고가 있었다. '정말 시원하게 씻는구나.' 라는 생각에 바로 따
라해 봤다. 시원함보다는 피부에 무리한 자극이 가해져 피부 당김이 심했다. 클렌징은 손바닥이
아닌, 손가락을 이용해 동글동글 마사지하듯 해야 한다. 헹궈낼 때도 문지르지 말고 물을 끼얹
듯 피부 마찰을 최소화해라.

5. 일주일에 1~2회 스크럽을 한다.

전용 클렌저로 깨끗이 세안해도 블랙헤드와 뿌연 각질은 여전히 관리가 힘들다. 일주일에 1~2
회 정도는 스크럽 제품을 이용해 각질과 모공 청소를 해주는 것이 좋다. 모공이 막혀 피지가 쌓이
고 블랙헤드가 되면 뾰루지가 돋거나 피부톤 전체가 칙칙하고 거칠게 보일 수 있다. 각질도 마찬
가지다. 매일 스크럽을 하는 것은 피지선을 자극하고 민감한 피부에 자극을 줘 오히려 트러블을
일으킬 수 있지만 묵은 각질을 제거하고 모공 청소를 해주면 매끄러운 피부를 얻을 수 있다.

Lovely skin Info.

어떤 물로, 어떻게 씻어야 할까?

찬물(10~15도) 얼음처럼 차가운 물은 아니더라도 손을 넣으면 찬 기운이 느껴질 정도의 온도. 깨끗하게 세정이 되지 않지만 피부를 진정시키는 효과가 있다. 찬물은 반드시 마지막 헹굼물로 사용해야 한다. 가볍게 패팅하면 탄력을 증진시키고 모공을 수축시키는 효과가 있다.

미지근한 물(15~21도) 찬물보다 조금 더 온기가 있는 물. 가벼운 세정 시 사용하면 좋으나 각질제거에 큰 효과를 기대할 수 없어 클렌징에는 적합하지 않다. 손의 세정이나 가볍게 땀을 씻어낼 용도로 사용하는 것이 좋다.

따뜻한 물(21~35도) 세정효과가 크고 각질 제거가 용이하다. 혈관을 가볍게 확장시키고 혈액순환을 돕기 때문에 클렌징에 적정한 온도. 단, 모공이 확장되기 때문에 모공을 줄이기 위해 마무리는 반드시 찬물로 해야 한다.

뜨거운 물(35도 이상) 세정효과가 매우 크고 각질 제거가 많이 되는 온도. 따라서 민감한 피부는 자극을 줄 수 있기 때문에 피하는 것이 좋다. 세안도 빨리 끝내자. 뜨거운 물을 너무 오래 사용할 경우 탄력이 저하될 수 있기 때문에 가능한 빠른 시간에 세안을 끝내고 마무리는 찬물로 패팅해 열린 모공을 닫아줘야 한다.

스팀 닫힌 모공을 열어 모공 깊숙이 자리 잡은 노폐물을 세정시킨다. 또한 각질을 부풀게 하여 각질제거를 보다 쉽게 할 수 있기 때문에 딥클렌징 전에 사용하면 좋다. 단, 너무 자주하면 모세혈관이 확장되어 안면홍조로 이어질 수 있으니 주의하자.

Point make-up
cleansing

포인트 메이크업 지우기

포인트 메이크업이란 크게 아이 메이크업과 립 메이크업으로 나눌 수 있다. 아이섀도, 마스카라, 아이라인, 립스틱, 틴트, 블러셔 등을 사용한 메이크업을 장시간 유지할 경우 피부 착색을 일으킬 수 있다. 때문에 꼼꼼하게 클렌징하지 않으면 피곤하지 않아도 검붉은 다크서클이 자리 잡을 수 있고 입술도 칙칙해질 수 있다. 입술이나 눈가 피부는 얼굴에서 가장 민감한 부위이기 때문에 자극 없이 클렌징을 해야 한다. 다시 한 번 강조하지만 클렌징은 모든 스킨케어의 최초 단계다. 완벽한 클렌징이 이루어져야 원하는 컬러의 메이크업이 가능하다는 사실을 기억할 것. 매일 진한 포인트 메이크업을 하는 연예인들이 포인트 메이크업 클렌징에 올인하는 이유도 여기에 있다.

연예인들의 **포인트 메이크업 클렌징**

립 메이크업

장밋빛 입술을 만들어주는 립 틴트, 입술 컬러의 번짐을 최소화하는 립 펜슬, 매트한 롱 라스팅 립스틱까지 진한 컬러의 립 제품이 입술에 착색되기 전에 자극 없이 지우는 것이 관건이다. 립 메이크업 전용 리무버를 몰랐던 시절, 립스틱을 지우는 방법은 모두 똑같았다. 입술에 침을 한껏 바르고 티슈 한 장 쭉 뽑아서 벅벅 닦는 것. 입술 뿐 아니라 입가가 온통 시뻘겋게 되어도 세안하면서 닦아내면 그걸르 끝이었다. 그러나 립 메이크업 전용 리무버가 흔해진 지금 더 이상 침을 바르고 아프게 문지를 필요가 없다. 먼저 화장솜에 전용 리무버를 묻힌 다음 입술 위에 10초 정도 올려둔다. 검지와 중지 사이에 화장솜을 끼워 좌우로 두 번 정도 부드럽게 닦아낸다. 입술의 주름은 세로르 되어 있으므로 윗입술은 위에서 아래로, 아랫입술은 밑에서 위로 주름의 결대로 지워야 완벽하게 지워진다. 전용 리무버가 없으면 클렌징 로션이나 오일 종류로 닦아내도 좋다.

TIP 입술을 휴지로 닦아내면 거칠고 건조해져서 각질이 일어나기 쉽다 각질이 일어난 입술에 립 메이크업을 하면 당연히 거칠게 표현될 수밖에 없다. 반드시 화장솜을 사용하도록.

아이 메이크업

이미지 변신을 시도할 때 꼭 필요한 것이 바로 아이 메이크업이다. 때론 청순하게, 때론 화사하게, 때론 시크하게 표현할 수 있는 매력만점 아이 메이크업. 특히 여러 가지 컬러로 조금씩 다른 느낌을 연출할 수 있는 스모키 메이크업은 도도하면서도 섹시한 느낌이 들어 좋아하는 메이크업 중 하나다. 하지만 스모키 메이크업을 하는 날이면 클렌징에 대한 부담은 배가 된다. 다음날 아침, 판다 같은 눈가나 까만 눈곱에 놀라지 않으려면 꼼꼼하게 클렌징해야 한다. 가볍게 아이섀도만 한 경우도 전용 리무버를 이용해 클렌징하는 것이 좋다. 전용 리무버를 화장솜에 충분히 적셔 10초 정도 올려두고 화장솜을 중지에 끼워 안에서 밖으로 닦아낸다. 마스카라나 아이라인까지 그린 경우는 30초 정도 올려둔 후 닦아내는데, 너무 많은 양의 리무버를 적시면 눈에 흘러 들어갈 수 있으니 손바닥으로 가볍게 누른 후 닦아낸다. 예민한 눈가를 자극하거나 착색될 수 있으므로 세심하고 부드럽게 닦아낼 것.

TIP 마스카라 찌꺼기가 남았을 경우 화장솜에 토너를 묻혀 다시 한 번 닦아주고 눈 주위에 번진 부분은 아이크림을 묻힌 면봉으로 부드럽게 닦아낸다. 화장솜을 속눈썹 아래에 두고 면봉에 리무버를 묻혀 아래로 닦아내는 것도 좋다.

페이스 메이크업

수분이 적고 유분이 많은 워터프루프 타입의 자외선 차단제나 페이스 메이크업은 피부에 강하게 밀착해 제대로 닦아내지 않으면 모공 속에 남아 뾰루지나 트러블을 일으킬 수도 있다. 사랑스러운 메이크업을 위해 블러셔를 사용하는 경우도 피부에 착색이 일어날 수 있으므로 꼼꼼하게 닦아내야 한다. 가장 효과적인 클렌저는 오일 성분의 제품. 피부 표면에 밀착한 유분막을 오일로 녹이는 원리다. 오일 클렌저나 밤 타입의 클렌저로 얼굴의 결대로 나선형을 그리며 핸들링 해준다. 너무 오래 마사지하면 피부에 오염 물질이 흡착될 수 있으니 1분 이내에 끝내도록 한다. 이마는 가로로, 볼은 안에서 밖으로, 턱은 가로 방향으로 부드럽게 닦아낸다. 지성피부의 경우 오일 타입의 클렌저를 꺼리는 경향이 있는데 두려워하지 않아도 된다. 오일 클렌저는 모공의 막힌 부분을 부드럽고 느슨하게 해주고 깊숙한 곳의 노폐물도 쉽게 제거해준다. 또한 피부의 유수분막과 가장 비슷한 성분이기 때문에 피부 자극이 덜하다는 것도 장점이다. 만약 미끈거리는 느낌이 싫다면 1차 세안 후 젤이나 폼 타입의 제품으로 2차 세안하면 말끔한 느낌이 든다.

TIP 해면이나 곤약 스폰지 등을 이용해 얼굴 안쪽에서 바깥쪽으로 닦아내면 좀 더 깨끗하게 클렌징을 할 수 있다.

Cleansing based on skin type

피부 타입별 클렌징 노하우

하루에 오일 페이퍼 5장은 거뜬히 넘기는 지성피부, 피부 사이사이가 모래로 채워져 있을 것 같은 건성피부, 빨강머리 앤이나 말괄량이 삐삐 정도가 어울릴 기미·잡티 피부, 멍게가 친구하자 부를 것만 같은 민감성 여드름 피부. 각자 자신의 피부 타입에 맞춰 수년간 클렌징을 해왔을 것이다. 그런데 아무 의심 없이 해오던 클렌징 방법이 내 피부를 망치고 있다면? 우리의 피부는 정해진 피부 타입이 따로 없다. 피부는 상황에 따라, 관리 방법에 따라, 습관에 따라, 그리고 화장품에 따라 끊임없이 변한다. 따라서 지금 현재 당신이 가진 피부 타입을 잘 판단하고 그 피부 조건에 맞는 클렌징 방법을 적극 활용해야 한다.

4가지 피부 타입별 **클렌징**

번들번들 지성피부

☐ 피지와 땀의 분비가 많다.

☐ 얼굴에 기름기가 많고 트러블도 자주 발생한다.

☐ 번들거리지만 빛이 불규칙하게 반사된다.

☐ 모공이 눈에 띄게 크다.

☐ 블랙헤드와 화이트헤드, 피지가 많이 생긴다.

☐ 화장이 잘 안 먹고 금방 지워진다.

지성피부의 특징이다. 3개 이상 해당되면 지성피부에 가까운 것이다. 피지와 땀의 분비가 많아 공기 중의 유해물질이 쉽게 달라붙고 그로 인해 트러블이 자주 발생하는 피부. 그만큼 클렌징이 절실한 피부다. 포인트 메이크업은 클렌징워터 또는 전용 리무버로 닦아낸 다음 오일프리 타입의 로션이나 젤 타입의 클렌저를 선택해 2차 세안하는 것이 좋다. 피지 분비량이 많기 때문에 피지를 제거하고 트러블과 칙칙한 피부의 원인인 각질을 제거하는 데 중점을 두어야 한다. 일주일에 1~2회 스팀타월로 모공을 열어 딥클렌징을 해주고 스크럽이나 때처럼 밀어낼 수 있는 고마쥬 타입으로 주 1~2회 각질제거를 한다. 여드름이나 뾰루지가 생기기 쉬우니 피부를 진정시켜 준다.

사막 같은 건성피부

☐ 항상 피부에 수분이 부족하다고 느낀다.

☐ 각질이 잘 일어나 메이크업이 툭하면 들뜬다.

☐ 눈가나 입가에 잔주름이 생긴다.

☐ 윤기 없이 버석거리고 세안 후 아무 것도 바르지 않으면 심하게 당긴다.

☐ 피부가 하얀 편이라 쉽게 타고 잘 벗겨진다.

☐ 입 주위가 하얗게 일어난다.

피부에 수분이 부족해 각질이 일어나기 쉽고 피부가 많이 당기며 잔주름도 생기기 쉬운 피부. 각질이 잘 생기는 타입이라 클렌징 단계에 각질 관리까지 신경 써야 한다. 유수분이 모두 부족한 타입이기 때문에 클렌징 제품도 보습 기능이 중요하다. 지성피부보다 예민하므로 자극이 적고 부드러운 오일 클렌저나 크림 타입의 클렌저를 이용해 1차 세안을 한다. 토너 타입은 기름기 없이 메이크업을 지우지만 세안 후 피부를 건조하게 만든다. 세안 시에는 너무 뜨거운 물을 사용하지 말고 미지근한 정도의 물을 사용한다. 2차 세안은 젤 타입의 폼 클렌징을 이용하여 자극 없이 깨끗이 닦아내고 마지막에 시원한 물로 헹궈 피부 탄력이 저하되지 않도록 한다. 세안 후, 물기를 닦아내지 말고 스킨으로 정돈하고 에센스를 발라 수분이 날아가지 않도록 보습에 신경 쓸 것.

당기고 번들거리는 복합성 피부

☐ T존(이마, 코) 부위에 기름이 끼고 번들번들하다.

☐ T존 부위에 트러블이 심하다.

☐ U존(볼, 턱) 부위가 건조하며 당긴다.

☐ 이마와 콧등의 모공 확대가 심하다.

☐ 부위별로 피부 차이가 많아 피부 타입을 판단하기 어렵다.

☐ 피부 톤이 전체적으로 균일하지 않다.

계절의 영향 없이 일반적으로 볼은 피부 당김이 심하고 이마를 비롯한 T존은 번들거림이 심해지는 말 그대로 짬뽕 피부다. 따라서 부위에 따라 클렌징 방법을 달리하면 좋은 효과를 얻을 수 있다. 확실히 피부 타입은 변하는 것 같다. 나 역시 예전에는 건성피부였는데 요즘은 메이크업을 하고 오랜 시간 지나면 T존 부위가 유독 번들거린다. 반면 볼 부위는 당김이 심해 미스트를 자주 뿌려줘야 한다. 촬영하는 공간은 밝은 조명 때문에 심하게 건조하다. 하루 종일 당김과 번들거림이 공존하는 피부를 위한 클렌징은 각질 제거 기능이 있는 클렌징 오일이나 로션을 선택하는 것이다. 볼이나 턱 주변은 건조함이 심하기 때문에 오일 클렌저를 사용해 세안하고 T존 부위는 버블 타입의 오일 클렌저나 폼 클렌저의 거품을 올려두었다가 피지를 제거한다. 복합성 피부의 클렌저는 사용 후 티슈로 닦아내는 제품보다는 워시오프 타입이 자극이 적어 좋다.

틈만 나면 뽀루지, 민감성 여드름 피부

☐ 알레르기, 혹은 아토피 피부염이 있다.

☐ 과다한 피지 분비로 항상 피부가 번들거린다.

☐ 번들거리기는 하지만 여전히 피부 당김이 느껴진다.

☐ 피부 탄력이 급격하게 떨어졌다.

☐ 스킨으로 얼굴을 닦아보면 오염물질이 많이 묻어난다.

☐ 모공이 넓다.

뽀루지가 호시탐탐 돋아날 기회만 노리는 민감성 여드름 피부는 좀 더 세심한 클렌징 스킬이 요구된다. 자극이 큰 각질 제거제는 사용하지 않는 게 좋다. 스크럽이 들어 있는 제품은 피지선을 자극해 여드름을 더욱 유발시킨다. 때문에 베이킹파우더를 물에 개어 문지르는 순한 각질 제거 방법을 선택해야 한다. 세안 시 물의 사용도 중요하다. 피부가 극도로 민감한 상태이거나 아토피성 피부를 가졌다면 정수기 물을 이용하는 것도 좋다. 정수기 물은 pH6 정도로 중성에 가깝다. 클렌저의 경우 닦아내는 타입보다는 피부 자극 없이 물로 씻어내는 워터, 로션, 무스 타입을 선택하자. 눈가와 입가는 반드시 전용 리무버를 사용해 피부 자극을 최소화하고 클렌저는 충분한 양을 사용해 피부에 마찰을 가하지 않도록 해야 한다.

Lovely skin Info.

초간단 페이스 클렌징 요가

매일 아침저녁 클렌징하는 시간에 단 30초만이라도 예뻐지기 위해 노력하라. 피부는 찔끔 찔끔 아껴 써야 하는 고가의 제품이나 가끔 받는 피부 관리에 전혀 감동하지 않는다. 꾸준한 관심과 지속적인 관리만이 탱탱하고 어린 피부를 얻을 수 있다는 사실을 기억하자.

1 거품을 낸 클렌저를 얼굴에 바르고 편안하게 눈을 감는다.

2 가볍게 양손을 쥐고 코 양옆 뺨에 주먹을 올려놓는다.

3 숨을 들이마시면서 주먹을 이용해 코 옆에서 볼을 따라 귀 옆까지 힘을 주어 민다.

4 1~3의 동작을 연속 3회 반복한다.

Blackhead & Whitehead

블랙헤드 VS
화이트헤드 완벽 퇴치법

보통 온도가 1도 올라가면 피부의 피지선을 자극해 피지 분비량은 10퍼센트 정도 증가한다. 피지 분비가 증가하면 자연스럽게 블랙헤드와 화이트헤드의 양이 늘어날 수밖에 없다. 피지의 영양으로 생기는 블랙헤드와 화이트헤드를 확실하게 잡는 방법 역시 클렌징 기술에 숨어 있다. 피부 트러블의 원인이 되는 블랙헤드와 화이트헤드는 케어 방법이 같거나 비슷할 것 같지만 180도 다른 케어 방식을 선택해야 한다. 우선 열린 여드름으로 불리는 블랙헤드와 닫힌 여드름으로 불리는 화이트헤드는 엄연히 여드름이라는 사실을 알아야 한다. 둘 다 여드름 초기 단계이기 때문에 이 시기에 어떻게 관리하느냐에 따라 그대로 여드름이 되느냐, 사라지느냐가 결정된다. 블랙헤드, 화이트헤드 보유자가 하지 말아야 할 금기사항과 홈 케어에 주목하자.

열린 여드름, 블랙헤드

일명 피부 표면에 연결된 열린 여드름으로 불린다. 피지가 나오면서 공기와 접촉해 끝이 검게 산화된 상태. 한 번에 쭈욱~ 짜내고야 말겠다는 생각은 절대 금물이다. 시원하게 짜내고 싶은 욕망이 거울을 마주할 때마다 솟구쳐 오르겠지만 모공을 확장하는 일밖에 되지 않는다. 조금씩 시간을 가지고 녹여내는 것이 정답이다.

블랙헤드 금기사항

피부의 온도를 높여 모공을 확장시키는 사우나나 찜질방. 그곳에서 시원하게 블랙헤드를 제거하고 다시 수축시키면 된다고 생각하겠지만 자칫 피지분비만 늘리는 꼴이 될 수 있다. 잦은 모공의 확장과 수축의 반복은 모공의 탄력을 잃게 한다. 늘어진 모공은 피지 분비가 증가하고 그로 인해 블랙헤드가 더 쉽게 생긴다. 사우나와 찜질방은 가급적 이용하지 말고 만약 이용했다면 반드시 차가운 물로 마무리하여 모공을 수축시킬 것.

블랙헤드 홈케어

노폐물과 피지 제거에 탁월한 달걀 흰자를 이용해 팩을 한다. 달걀 흰자를 충분히 거품낸 후 블랙헤드가 보이는 부위에 가볍게 바른다. 염증이 있는 피부라면 소량의 레몬즙이나 죽염을 이용하는 것도 좋다. 어느 정도 굳으면 가볍게 물로 헹궈낸다. 클렌저는 오일 제품으로 최대한 자극을 줄여 피지를 녹여내는 것이 좋다. 모공을 열어 피지를 제거한 피부는 반드시 수렴 단계를 거쳐야 한다. 수렴 화장수를 이용해 모공을 닫아주는 것은 필수다. 규칙적인 각질 제거와 섬세한 클렌징 습관이 블랙헤드를 예방할 수 있는 최선의 방법이다.

닫힌 여드름, **화이트헤드**

화이트헤드는 피지선에서 생긴 피지가 각질이 두꺼워진 피부에 막혀 밖으로 배출되지 못하고 고여 있는 상태의 여드름을 말한다. 표면이 울퉁불퉁하고 짜면 흰 기름 덩어리가 나오며 좁쌀 여드름으로 발전할 가능성이 있다. 어설프게 짜면 균이 속으로 들어가 더욱 악화될 수 있으니 가능한 전문가의 도움을 받는 것이 좋다.

화이트헤드 금기사항

과도한 음주와 흡연은 화이트헤드의 적이다. 음주는 피부 온도를 상승시켜 모공을 확장시킨다. 이로 인해 더러워진 메이크업의 잔유물이나 피지, 각종 오염물질이 모공에 침투할 수 있다. 피부 깊숙이 박혀 있는 화이트헤드는 노폐물이 침투하면 피부 속에서 트러블을 일으킬 수 있고 이는 곧 염증으로 악화될 수 있으니 술과 담배는 멀리하는 것이 좋다.

화이트헤드 홈케어

디톡스 효과가 있는 마사지 제품을 이용해 피부의 느폐물을 배출하는 것이 좋다. 피부 속에 피지가 고이는 현상으로 생기는 화이트헤드는 정기적으로 노폐물을 배출할 수 있도록 마사지를 해야 한다. 마사지 전에 스팀타월로 모공을 확장해주는 것은 필수. 알갱이가 큰 스크럽보다 미세한 필링 제품으로 각질을 제거하는 것이 바람직하다. 피지가 피부 속에 고이는 것은 육안으로 판단할 수 없기 때문에 피지 컨트롤 제품을 꾸준히 사용하는 것이 좋다.

Lovely skin Info.

피지를 줄이는 3가지 생활습관

1 피부 온도 낮추기 피부 온도를 낮추려면 알코올 화장수를 사용하거나 화장품을 냉장고에 넣어 사용하는 것이 좋다. 단, 화장품의 온도는 항상 일정하게 유지해야 오염을 막을 수 있기 때문에 한 번 냉장 보관한 제품은 쭉 냉장보관해야 한다. 자외선차단제는 보통 SPF 25 이상, 민감한 피부는 SPF 27~30 이상은 되어야 피부 온도를 유지할 수 있다. 얼굴이 달아올랐을 때는 미스트를 뿌리는 방법이 있는데 자주 사용하면 피부 자체의 수분 조절 능력이 둔화될 수 있다. 하루에 2~3번 이상은 사용하지 말 것. 집에 돌아오면 녹차 팩을 하거나 냉찜질로 달아오른 피부를 진정시키자.

2 피지를 자극하는 음식 멀리하기 알코올이나 지방, 당분, 카페인은 모두 피지선을 자극하는 것들이다. 술, 담배, 튀긴 음식, 빵, 초콜릿 등은 되도록 피하는 것이 좋다. 비타민 B_2나 B_4가 들어 있는 버섯, 양배추, 시금치, 해초류는 피지 조절 능력이 탁월한 음식이다.

3 모공에 탄력 주기 모공이 넓어지면 가장 먼저 피부가 탄력을 잃기 된다 탄력을 잃은 피부는 모공의 크기를 조절하지 못해 피지의 양도 조절하기 어렵다. 스팀타월 2~3분, 냉 타월 2~3분씩을 번갈아 해 모공의 탄력을 키우던 피지량을 조절할 수 있으니 참고할 것. 왕성한 피지 분비로 모공이 늘어났을 때는 모공에 탄력을 주고 피지 조절을 돕는 녹차 팩이나 요구르트 팩을 하는 것도 좋은 방법이다.

일주일에 한 번, 깨끗한 피부를 위한 홈 케어

연예인들은 무조건 비싸고 좋은 브랜드의 제품만 사용할 거라고 생각하는 이들이 많다. 그러나 나는 가끔 마트에서 쌀겨를 한 자루씩 얻어와 두고두고 클렌징에 사용하기도 하고, 녹차와 죽염을 이용해 피부 트러블을 다스리기도 한다. 어쩌면 고가의 클렌저보다 더 믿음직한 것이 홈 케어가 아닐까 싶다. 홈 케어는 문제가 생긴 피부에 즉각적으로 반응하고 별 기대 없이 시도했던 방법에서 의외의 효과를 보게 되는 경우가 많다. 크게 돈 들이지 않고 냉장고나 싱크대에 있는 재료들을 이용할 수 있다는 것이 매력. 그동안 오며가며 쌓은 뷰티 내공으로 다져진 스페셜한 나만의 홈 케어 노하우를 공개한다.

피지와 모공을 관리하는 죽염 클렌징

코에 피지가 생겼을 때 죽염을 이용해 모공을 클렌징하면 놀라운 효과가 나타난다. 죽염과 클렌징크림을 1:1로 섞어 코에 바른다. 약 20분 후 손가락을 이용해 가볍게 마사지해주고 씻어내면 감쪽같이 없어진다. 거뭇거뭇한 블랙헤드가 되기도 하고 뽀루지가 되기도 하며 울퉁불퉁 피부결을 망치는 주범이기도 한 피지. 일주일에 한두 번 죽염 클렌징만으로도 매끄럽고 윤기 나는 코를 가질 수 있다.

가루녹차(또는 꿀)＋폼 클렌저

피부가 번들거릴 때 가루녹차를 폼 클렌저에 섞어 사용하면 각질과 피지 제거에 효과가 있다. 심한 스트레스를 받거나 피곤하면 T존 부위가 유독 번들거려 피지 제거에 확실한 효과를 나타내는 홈 케어를 찾고 찾다 발견한 당법이다. 푸석하고 건조한 피부에는 꿀과 폼 클렌저를 섞어 세안하면 촉촉하고 매끄러운 피부가 된다. 팩이 아니라 클렌저 개념이기 때문에 번거롭지 않아 좋다.

쌀겨로 화사해지는 피부

마트에 쇼핑을 갔을 때다. 식품 코너에서 일하는 직원이 세안할 때 사용하면 좋다고 쌀겨 한 자루를 건넨 적이 있다. 어떻게 써야 할지를 몰라 고민하다 물에 넣고 끓여보았다. 쌀겨 500그램에 물 약 2리터를 넣고 팔팔 끓여 식은 물로 세안하면 피부 톤이 밝아 보인다. 쌀겨와 클렌징 오일의 비율을 1:3으로 섞어 얼굴에 마사지하듯 부드럽게 문질러주면 자극 없이 각질이 제거된다. 화학 물질에 민감한 타입에 안성맞춤.

번들거리는 지성피부에 녹두우유 클렌징

녹두에는 몸 안에 쌓인 노폐물을 해독하고 열을 내리는 작용이 있다. 화장품을 잘못 사용해 나타나는 피부 트러블이나 여드름의 예방, 피지 제거에 효과적이다. 녹두가루 2큰술과 우유 적당량을 잘 섞어 부드러워지면 얼굴과 목에 가볍게 마사지하고 세안한다. 건성피부보다는 지성피부에 더 좋다.

청주를 이용한 스팀 클렌징

뜨거운 물에 청주 몇 방울을 떨어뜨려 스팀을 쏘여주면 모공이 열리면서 피부 독소가 제거된다. 단, 팔팔 끓는 물에 청주를 넣고 스팀을 쏘이면 화상을 입을 수 있으니 주의할 것. 모공을 열어주고 청주를 미지근한 물에 몇 방울만 섞어 세안한다. 단, 청주는 독해서 화끈거릴 수 있고 너무 많은 양을 사용하면 트러블이 생길 수 있다.

우유나 쌀뜨물을 사용하는 클렌징

우유나 쌀뜨물로 세안하면 피부가 맑고 환해지는 경험을 할 수 있다. 우유에 들어 있는 AHA 성분이 피부 각질을 없애주는 역할을 하기 때문이다. 우유를 물에 희석하지 말고 얼굴에 바른 후 5분 정도 지나 다시 우유로 씻으면 피부 오염물질이 말끔하게 제거된다. 차가운 물로 헹궈주면 모공이 닫히면서 환하고 매끄러운 피부를 가질 수 있다.

피부 재생 능력을 돕는 매실

매실의 구연산과 유기산이 피로와 변비를 없애준다. 피부 재생능력을 활발하게 하고 피부의 노화를 막아주기도 한다. 매실 엑기스나 매실 음료를 세안제 대용으로 사용해보자. 매실은 세균 번식을 막아 피부트러블에 탁월한 효과가 있다. 또한 수분을 보충해주고 각질제거를 돕기 때문에 훌륭한 세안제가 될 수 있다. 매실 엑기스 1작은술과 물 반컵을 희석해 세안제 대용으로 사용하면 된다. 매실 엑기스가 없는 경우 매실 음료를 이용해도 괜찮다.

방송가에 떠도는
클렌징에 관한 진실 혹은 거짓

배우 K씨는 에스테틱에서 필링 케어를 이틀에 한 번꼴로 받아 피부가 매끌매끌 광이 난다. 베이비페이스를 가진 배우 J씨는 초고가 사해 소금으로만 클렌징한다. 건성피부인 S씨는 스케줄이 없는 날에는 절대 클렌징하지 않는다. S사의 클렌저로 5분씩 마사지하면 피부가 촉촉해진다. 번들거리는 피부 때문에 민감한 L씨는 오일 클렌저를 저주한다. 여자 연예인 둘, 셋만 모여도 피부에 관한 이야기가 절대 빠지지 않는다. 그중에서도 클렌징에 관한 이야기는 가장 '핫' 하다. 입소문을 타고 방송가에 퍼지는 클렌징에 관한 수많은 이야기들. 과연 진실일까, 거짓일까.

Truths&Lies

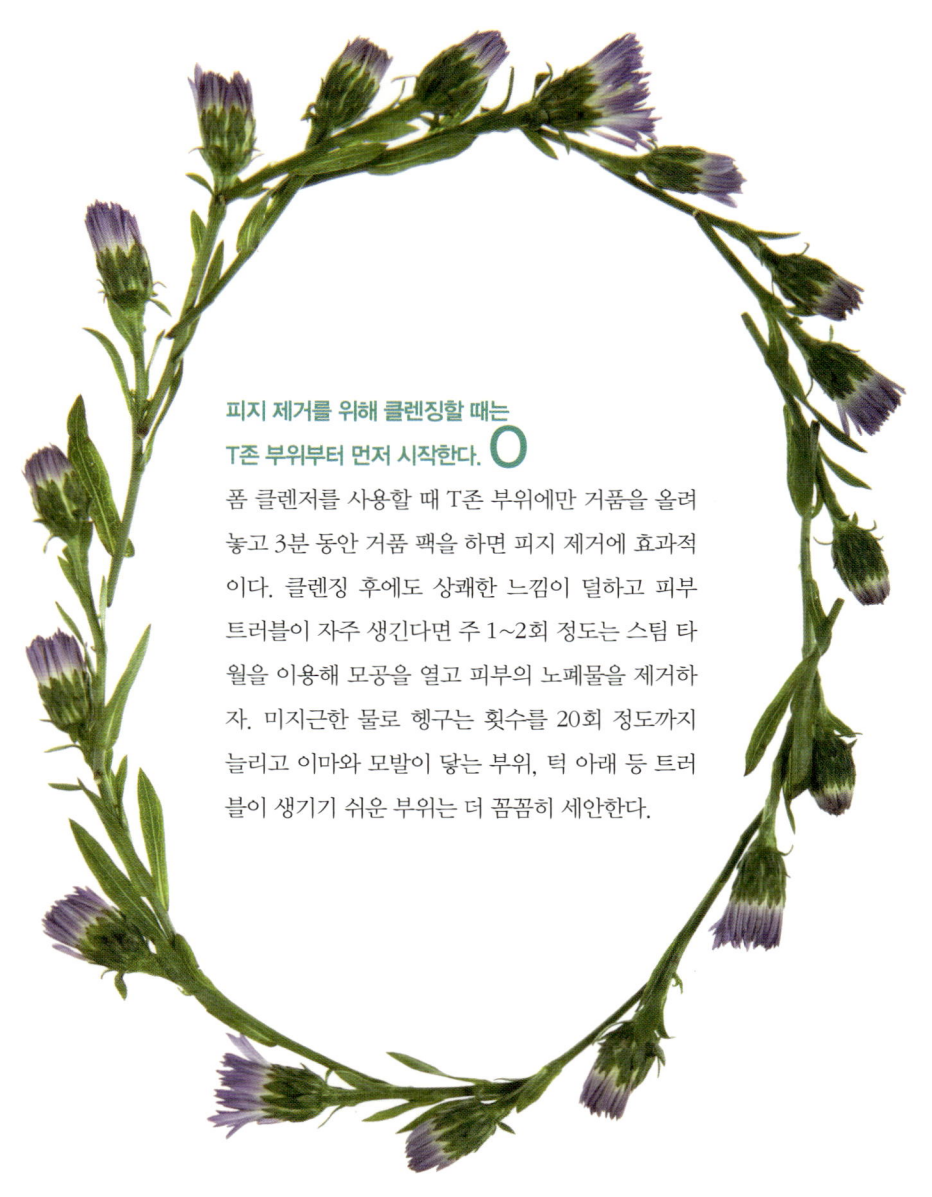

**피지 제거를 위해 클렌징할 때는
T존 부위부터 먼저 시작한다.** O

폼 클렌저를 사용할 때 T존 부위에만 거품을 올려
놓고 3분 동안 거품 팩을 하면 피지 제거에 효과적
이다. 클렌징 후에도 상쾌한 느낌이 덜하고 피부
트러블이 자주 생긴다면 주 1~2회 정도는 스팀 타
월을 이용해 모공을 열고 피부의 노폐물을 제거하
자. 미지근한 물로 헹구는 횟수를 20회 정도까지
늘리고 이마와 모발이 닿는 부위, 턱 아래 등 트러
블이 생기기 쉬운 부위는 더 꼼꼼히 세안한다.

건성 모공은 면봉으로 부분 클렌징한다.

건성 모공은 모공 속에 쌓여 있는 각질을 제거하는 것이 급선무. 수분을 공급하는 로션 타입 클렌저를 면봉에 묻혀 우둘투둘한 부분을 부분적으로 클렌징한다. 단, 면봉 옆면을 이용해 살살 문지를 것. 건성 피부 타입은 알코올 성분에 민감하게 반응할 수 있다. 따라서 클렌저 사용 시 피부 세포를 구성하는 단백질과 가장 유사한 레시틴 성분이 들어 있는 제품을 사용하고 보습감이 풍부한 토너로 마무리한다.

지나치게 잦은 세안은 피부를 민감하게 만든다.

하루에 두 번만 세안을 해도 평생 피부가 받는 자극은 어머어마하다. 노메이크업이라고 자주 세안을 하다 보면 피부가 건성이나 민감성으로 바뀔 수 있다. 땀이나 노폐물 때문에 세안해야 한다면 미온수로 부드럽게 닦아내는 것이 좋다. 피부를 보호해주는 최소한의 피지막도 남겨두지 않는 지나친 클렌징은 오히려 피부에 해가 된다. 피부의 보호막을 남겨주는 오일이나 밀크 타입 클렌저로 세안하면 클렌징 후 건조 증세를 완화시킬 수 있다.

소금으로 클렌징하면 효과적이다.

배우 J씨가 사용한다는 천연 사해 소금은 모공 안의 피지를 클렌징해주는 효과가 탁월하다. 이스라엘 사해 소금에는 일반 바다 소금보다 3배 넘는 미네랄이 함유되어 있다. 피부 내의 pH 밸런스를 조절해 최적의 피부 상태를 유지해주는 것은 물론 항균 작용이 있어 여드름 피부에 효과적이다. 고가의 사해 소금을 대신해 죽염을 사용해도 좋다. 죽염을 섞은 물로 세안을 하거나 젖은 면봉에 묻혀 뽀루지 부분을 부드럽게 닦아내면 된다. 단, 소금의 농도를 너무 강하게 하면 오히려 트러블을 유발할 수 있으니 주의할 것.

노메이크업이라면 클렌징을 하지 않아도 된다. X

노메이크업이라도 피부에서 분비되는 땀과 노폐물로 인해 피부가 오염된 상태다. "건조한 피부인데 매일 무리하게 클렌징을 해야 할까?" 하는 의심을 품는 것도 이해가 안 되는 건 아니다. 하지만 노메이크업일지라도 이중세안까지는 아니더라도 클렌징은 꼭 해주어야 한다. 단, 무리한 클렌징은 건조한 피부에 수분 보호막을 파괴할 수 있으니 자극을 최소화하는 것이 바람직하다.

클렌징 제품을 얼굴에 묻혀 거품을 낸다. X

세안은 거품을 이용해 더러움을 닦아내는 것이다. 즉, 거품은 손과 피부 사이의 쿠션 같은 존재로 마찰을 방지하는 역할을 한다. 클렌징 제품을 얼굴에 바로 묻혀 거품을 내는 것은 피부에 자극을 주는 행동이기 때문에 반드시 피해야 한다. 상식임에도 불구하고 직접 얼굴 위에 거품을 내는 사람들이 의외로 많다.

지성피부의 경우 오일클렌저는 절대 사용하면 안 된다. X

지성피부라고 오일클렌저가 무조건 해가 되는 것은 아니다. 오히려 번들거리는 피지를 제거하는 데는 오일클렌저가 좋다. 따뜻한 물로 모공을 열어 피지를 제거하고 번들거림이 심한 T존 부위는 입자가 있는 클렌징 제품으로 2차 세안하도록 한다. 미끈거리는 오일클렌저가 싫다면 버블 타입의 오일클렌저를 이용하면 부담 없이 사용할 수 있다.

물광 메이크업을 위해 스크럽 제품을 이틀에 한 번씩 사용한다. X

지금도 마찬가지지만 한때 물을 잔뜩 머금은 것 같은 물광 메이크업이 대유행을 한 적이 있다. 너도나도 물광 메이크업을 부르짖으면서 스크럽 제품도 그 대열에 합류했다. 이틀에 한 번, 혹은 매일 사용하는 이들도 있었다. 하지만 무리한 스크럽 제품 사용은 피부의 천연보습막을 파괴하고 자극을 주기 때문에 일주일에 1~2회만 사용하는 것이 바람직하다.

클렌징 제품을 이용해 오랜 시간 마사지한다. X

클렌징 크림이나 로션, 오일을 이용해 짧은 시간 부드럽게 마사지해주면 혈행을 원활하게 해 맑은 피부톤을 만드는 데 도움이 된다. 하지만 뭐든 지나친 것은 모자란 것만 못하다. 클렌징 제품으로 오랜 시간 마사지를 하다 보면 피부에서 떨어져나간 오염물질이 다시 피부에 흡착되거나 손이 얼굴의 수분을 빼앗는다. 가능한 클렌징은 2~3분 안에 모두 끝내도록 한다.

**아침에 스크럽을 하면
메이크업이 잘 받는다. X**

스크럽 제품을 이용해 각질을 제거하면 일
시적으로 피부가 부드러워지고 맑아지는 것
을 느끼지만 시간이 지나면 피지분비가 더
욱 원활해져 번들거림이 심해진다. 따라서
스크럽은 스케줄이 없는 전날 밤에 하는 것
이 좋다. 또 스크럽 후 바로 야외활동을 하
면 자극받은 피부가 자외선에 그대로 노출
되기 때문에 주의해야 한다.

매일 메이크업하는
스타들의 클렌징 노하우

매일 두꺼운 메이크업을 하는 스타들의 피부는 언제 봐도 깨끗하고 심지어 투명하기까지 하다. 아기 같은 피부, 동안 피부를 트레이드마크로 내건 스타들도 어렵지 않게 만날 수 있다. 마치 연예인이 되려면 가수든 배우든 무조건 피부가 좋고 봐야 한다는 기준이 있는 것만 같다. 물론 그들만이 꽁꽁 숨겨둔 비법이 존재하겠지만, 의외로 하나같이 강조하는 것은 클렌징이다. 수석 입학한 학생이 "잠은 충분히 잤고 학교 공부에만 충실했어요!" 하고 말하는 것과 같아 얄밉게 느껴지지만 메이크업은 하는 것보다 지우는 것이 중요하다는 말은 진실임에 틀림없다.

Celeb's cleansing knowhow

송선미의 클렌징 노하우
포인트 메이크업 클렌징부터 꼼꼼하게 신경 써요!

피부타입 _ 복합성

선호하는 클렌징 제품 _ 슈에무라 오일 클렌저, 크리스찬 디올 른&아이 리무버

방송 메이크업은 평소에 하는 메이크업보다 짙고 무겁기 마련이다. 화면에서는 한 듯 안 한 듯 보이지만 메이크업 아티스트들의 내공에서 비롯된 결과물이다. 사실 아이섀도나 라이너, 마스카라 등 풀 메이크업일 경우가 많다. 스케줄을 마치고 돌아오면 아무리 피곤해도 포인트 메이크업은 전용 리무버를 이용해 꼼꼼하게 클렌징한다. 색조 제품은 피부에 착색되기 때문에 포인트 메이크업 클렌징을 소홀히 하면 피부가 칙칙해지는 원인이 된다. 포인트 메이크업을 지우고 나면 오일 클렌저를 이용해 1분가량 가볍게 마사지한다. 복합성 피부는 T존 주위에 피지가 많이 생기기 때문에 일주일에 한 번 정도는 스팀타월을 이용해 모공을 열어주고 오일 클렌저로 꼼꼼하게 딥클렌징한다. 오일 클렌저로 클렌징을 마치면 녹차 우려낸 물로 헹궈내 피부를 진정시킨다. 차가운 녹차 티백을 눈가나 T존 부위에 2분 정도 올려놓으면 지친 피부가 진정되고 뾰루지도 확실히 잡아준다. 모공관리까지 해주니 그야말로 일석삼조. 마지막으로 유수분 밸런스를 조절해주는 스킨케어 제품으로 마무리하는 것까지 모두 클렌징 단계에 포함된다.

우희진

건조한 피부를 위해 오일 타입 클렌저를 사용해요!

피부타입 _ 건성

반복되는 야외촬영과 차량을 타고 이동하는 시간이 많아 피부가 건조한 편이다. 건조한 피부는 작은 자극도 민감하게 반응하기 때문에 클렌징에도 세심한 주의를 기울여야 한다. 부드럽게 메이크업을 닦아내면서도 피부의 보습막을 최대한 지켜주는 오일 타입의 클렌저를 선호하는 편. 최근에 연기하는 배역의 특성상 내추럴한 메이크업보다는 강렬한 포인트 메이크업을 할 때가 더 많다. 포인트 메이크업을 지울 때도 오일 타입의 클렌저를 이용해 부드럽고 깨끗하게 닦아낸다. 젤 타입의 제품을 이용할 경우 화장솜에 묻혀 10초 정도 눈가에 올려둔 후 닦아내면 자극 없이 부드럽게 닦아낼 수 있다. 건성피부인 경우 이중세안을 피하는 경우가 많은데 될 수 있으면 이중세안을 하고 곧바로 수분제품을 발라 빼앗긴 수분을 꼼꼼하게 보충해준다. 세안으로 건조해진 눈가에는 아이마스크를 올려두어 수분을 공급하고 진정시켜준다.

성현아

천연 재료를 이용한 곡물 비누가 클렌징 베스트 아이템이죠!

피부타입 _ 중성

지성도 아니고 건성도 아닌, 남들이 흔히 말하는 축복받은 중성 피부를 가지고 있다. 에스테틱이나 피부과의 특별한 케어를 받지는 않지만 클렌징만큼은 매일 꼼꼼하게 한다. 건조한 피부라면 거의 불가능한 삼중세안을 철저하게 지키고 있다. 포인트 메이크업 전용 리무버로 눈가와 입가의 메이크업을 지우고 모공을 열어 클렌징크림이나 클렌징폼으로 깨끗하게 닦아낸다. 마지막 헹굼은 천연 비누를 사용해 부드럽게 마무리한다. 피부에 보습력을 높이고 미백에 도움을 주는 곡물을 이용해 만든 천연 비누는 클렌징에 있어 머스트 해브 아이템이다. 피부의 상태에 따라 천연 재료로 만들어진 곡물 비누를 선택하면 피부를 부드럽고 매끄럽게 가꿀 수 있다. 세안을 마치고 잠들기 전에는 꼭 피부 상태를 체크한다. 스트레스가 쌓이거나 지쳐 있는 피부를 위해 영양크림을 듬뿍 바르고 잠들면 다음날 피부는 컨디션을 회복한다.

SOS!
클렌징을 할 수 없는
상황이라면?

이동도 많고 시간도 부족한 연예인들은 촬영을 마치고 돌아오는 길이나 집에 들어와서야 클렌징을 하게 된다. 10시간 이상 지속되는 촬영에 두꺼운 방송용 메이크업은 그야말로 피부를 잡는다. 촬영이 끝나기가 무섭게 후다닥 퀵 클렌징을 하는 K양부터 수정 메이크업을 위해 클렌징 티슈를 항상 챙기는 H씨까지. 따뜻한 물과 찬물을 번갈아가며 시원하게 세안하지 못해도 나름 클렌징에 있어서 철저한 대비책들이 존재한다. 생각지 못한 상황에 외박을 하게 되거나 갑자기 야근을 하게 된 경우, 연인과 달콤한 데이트 중 흐트러진 메이크업을 말끔히 지우고 싶을 때도 으긴하게 쓸 수 있는 클렌징 아이템을 소개한다.

클렌징 티슈를 이용해라

건성피부는 아니지만 12시간 이상 메이크업을 한 상태에서 촬영이 지속되다 보면 저녁 촬영에는 피부가 심하게 건조해진다. 촬영을 마치고 이동하는 차에서 간편하게 클렌징 티슈를 이용해 1차로 클렌징을 한다. 간편한 티슈 타입이라 물이나 클렌저가 없어도 말끔하게 클렌징이 가능하다. 너무 벅벅 닦아내면 건조해진 피부에 자극을 줄 수 있으니 세심하고 부드럽게 닦아낸다.

클렌징 워터만으로도 충분하다

아직도 많은 한국 여성들이 메이크업을 지우는 마지막 단계에서 반드시 클렌징폼을 사용해야 한다고 생각한다. 충분히 거품을 낸 클렌징폼을 사용해야만 완벽한 클렌징이 이루어진다고 생각하는 편견 때문이다. 유럽뿐만 아니라 우리 나라의 피부 관리실에서는 클렌징 워터와 토너만으로 피부의 잔유물을 제거하고 피부결을 정리한다. 클렌징 워터로 닦아내는 것만으로도 충분히 클렌징이 가능하다.

아이&립 리무버로 퀵 클렌징

포인트 메이크업을 진하게 한 날이면 촬영이 끝나자마자 서둘러 아이&립 리무버로 말끔하게 지워낸다. 티슈에 물을 덜어 가볍게 닦아내면 퀵 클렌징이 완성된다. 포인트 메이크업을 장시간 하고 있거나 클렌징에 소홀하면 피부에 착색되어 피부 톤을 칙칙하게 만들 수 있다. 이동 중인 차 안에서 하는 퀵 클렌징으로 피부에 최소한의 배려를 해주자.

포인트 메이크업 클렌저 대용 바셀린

바셀린 설명서를 자세히 보면 메이크업을 지워주는 기능이 표기되어 있다. 포인트 메이크업을 바셀린으로 지워보면 클렌징 제품으로 착각할 정도로 웬만한 클렌징 크림보다 자극 없이 말끔하게 지워진다. 단, 지성피부는 모공을 막아 트러블을 일으킬 수 있으니 주의할 것.

Lovely Skin 2
Sunblock

늘 강렬한 조명과 작렬하는 태양 아래서 일하는 여배으들이
가장 신경 쓰는 부분이 바로 자외선의 무시무시한 공격이다.
야외촬영 중간 중간 시간이 빌 때면 소나기처럼 내리붓는 자외선을
피해 차 안으로 대피하거나 모자, 양산, 긴 소매 옷 등 모든 수단을 동원해
가리고 또 가리기 일쑤다. 조금만 방심하면 제아무리 '여배우' 라는
타이틀을 가졌다 할지라도 울긋불긋 솟아오르는 트러블,
거뭇거뭇한 피부톤, 메마른 피부를 감당하기 힘들기 때문이다.

맑고 투명한 피부. 여자라면 세상에 태어나 한 번쯤 가져보고 싶은 피부다. 물론 비욘세의 빵빵하고 섹시한 엉덩이만큼이나 매혹적인 까만 피부도 탐나지만 그건 어디까지나 비욘세이기 때문에 '매혹'이란 단어를 붙일 수 있는 것이다. 까만 피부는 건강하고 섹시한 이미지를 연출할 수 있지만 잘못하면 없어 보이거나 촌스러워 보일 수도 있는 치명적 핸디캡을 안고 있다.

자외선으로 부터 피부를 지켜라

늘 강렬한 조명과 작렬하는 태양 아래서 일하는 여배우들이 가장 신경 쓰는 부분이 바로 자외선의 무시무시한 공격이다. 야외촬영 중간 중간 시간이 빌 때면 소나기처럼 내리붓는 자외선을 피해 차 안으로 대피하거나 모자, 양산, 긴 소매 옷 등 모든 수단을 동원해 가리고 또 가리기 일쑤다. 조금만 방심하면 제아무리 '여배우' 라는 타이틀을 가졌다 할지라도 울긋불긋 솟아오르는 트러블, 거뭇거뭇한 피부톤, 메마른 피부를 감당하기 힘들기 때문이다.

매일 자외선을 차단하는 일. 그건 어렵고 지긋지긋한 숙제와도 같다. 여름에만 하면 되는 건줄 알았지만 이건 뭐 해도 해도 끝이 없다. 봄, 가을, 심지어 겨울까지 해야 하고 실내에서조차도 절대 방심할 수 없기 때문. 그래서일까? 맑고 투명한 피부의 기본이 되어버린 자외선 차단제는 진화를 계속하고 있다. 복잡하기 짝이 없는 UVA, UVB 차단기능부터 화이트닝이나 안티에이징 등 스킨케어 기능을 갖춘 제품까지 다양하다. 뿐만 아니라 피부 결점을 커버하는 메이크업 기능까지 갖추고 있으니 뷰티 아이템계의 '멀티 플레이어' 라 할만하다.

이번 장에서는 자외선을 보다 확실하게 차단하는 방법과 올바른 자외선 차단제의 선택 방법에 대해 이야기하려 한다. 방심한 틈을 타 자외선의 무차별 공격을 받았다면 어떻게 케어해야 할지에 대한 해결책도 제시한다. 맑고 투명한 피부를 원한다면 꼭 체크해야할 지침들. 이제 더 이상 무심히 넘기지 말자. plz~!!

나에게 맞는 자외선 차단제를 찾아라

지금 당장 온 가족이 사용하는 자외선 차단제를 체크해보자. 외부 활동이 많은 언니, 집안에서 생활하는 엄마, 여드름 피부인 동생까지 모두 똑같은 자외선 차단제를 사용하고 있지는 않은가. 앞서 말했지만 자외선을 차단하는 일은 맑고 투명한 피부를 가꾸는 데 있어 매우 중요한 일이다. 하지만 그보다 장소, 피부 타입에 따라 올바른 자외선 차단제를 선택하는 일이 훨씬 더 중요하다. 피부 타입과 활동하는 장소를 전혀 생각하지 않고 너도나도 똑같은 자외선 차단제를 선택하는 일은 피부를 전혀 배려하지 않는 일이란 사실을 명심하고 또 명심하길!

My only sunblocks

장소에 따른 **자외선 차단제**

외부 환경을 고려해야 하는 도시

좋다. 십분 양보해서 내리쬐는 자외선을 100퍼센트 완벽하게 차단했다 치자. 과연 내리쬐는 자외선만 차단하면 완벽할까. 놀랍게도 내리쬐는 자외선의 5~10퍼센트는 지면에 반사되어 다시 피부에 공격을 한다고 한다. 도시 특성상 매연이나 황사 등 오염된 외부 환경에 노출되는 것도 그냥 지나쳐서는 안 된다. 그래서 도시에서는 항산화기능이 강화된 자외선 차단제를 선택하는 것이 필수. 차단지수는 SPF 30 이상이면 적당하다.

온몸으로 자외선을 차단해야 하는 해변

그늘이라고는 파라솔 밑밖에 없는 해변은 직사광선이 무려 도시의 2배에 이른다. 파라솔 밑 그늘에 온몸을 꽁꽁 숨긴다 하더라도 약 50퍼센트의 자외선밖에 차단되지 않는다. 이럴 땐 UVA, UVB를 모두 차단할 수 있는 제품을 선택하고 자외선 차단지수도 높은 게 도움이 된다. SPF 50 정도가 적당하고 PA++ 이상이 좋다.

유리창을 통해 들어오는 자외선도 주의해야 하는 실내

실내에서 활동한다고 자외선으로부터 안전하다고 생각하는가? 천만의 말씀. 절대 방심해서는 안 된다. 장시간 운전할 때도, 창이 큰 사무실에서 열심히 일할 때도, 그리고 창가에서 달콤한 낮잠을 청할 때도 자외선은 끊임없이 피부를 공격한다. UVA는 창을 통해서도 얼마든지 침투가 가능하기 때문이다. PA++ 이상의 제품을 선택하고 SPF 지수는 20 정도면 적당하다.

피부 타입에 따른 **자외선 차단제**

민감성 여드름 피부

자외선 차단제는 땀이나 물에 강한 워터프루프 타입이 대부분이다. 땀에도 물에도 지워지지 않는 워터프루프 타입의 제품이 그 기능을 충실히 하는 것은 기특하지만 여드름 피부에는 쥐약이 될 수 있다. 각종 오일리한 성분이 포함되어 있어 모공을 막고 여드름을 악화시킬 수 있기 때문. 자외선 차단 지수가 지나치게 높은 제품도 피해야 한다. 그만큼 화학성분이 많이 함유되어 있어 피부에 자극이 될 수 있다.

메마른 건성피부

유수분 모두 부족한 건성피부는 피부에 쉽게 밀착되면서 촉촉함을 유지해줄 크림 타입의 자외선 차단제가 적당하다. 모이스처라이저 겸용 제품이나 주름개선 기능성 제품은 일반 제품보다 촉촉함을 오래 느낄 수 있다. 자외선 차단제에 수분 크림을 섞어 바르는 것도 촉촉함을 오래 유지할 수 있는 방법. 단, 멘톨 성분이 들어 있는 자외선 차단제는 피부의 수분이 쉽게 증발할 수 있으니 선택을 피할 것.

번들번들 지성피부

기름기라면 지긋지긋한 지성피부. 자외선 차단제도 오일프리 제품을 선택하면 된다. 유분감이 있는 자외선 차단제는 피부 위에 막을 형성하기 때문에 자칫 번들거림이 더 심해질 수 있다. 특히 T존 부위는 과다한 피지 분비로 유분이 많기 때문에 차단제와 피지 조절 에센스를 섞어서 발라주면 좋다.

Lovely skin Info.

도대체 SPF, PA가 뭐지?

자외선 차단제 용기를 보면 'SPF 30', 'PA++' 등의 표시
가 된 걸 볼 수 있다. 물론 SPF 지수나 PA 뒤에 붙는 '+'
표시가 많으면 더 강력한 차단제라는 것쯤만 알고 있어도
되지만 간단하게 용어 정리를 해보려고 한다.

SPF(Sun Protection Factor) 자외선 B(UVB)로 인해 피
부는 뜨겁게 달아오르거나 빨갛게 선번 현상을 일으킨다.
이런 현상을 얼마나 잘 막아주는가를 나타내는 수치 정도
로 생각하면 좋다. SPF 지수가 높을수록 자외선 차단 능력
이 더 오래 지속된다고 생각하면 쉽다.

PA(Protection of A) 기미, 잡티 등 각종 흑화 현상을 일
으키는 자외선 A(UVA)에 대한 방어력을 나타내는 표시다.
보통 'PA+', 'PA++', 'PA+++'의 3단계로 나타내며 '+'
표시가 많을수록 UVA 차단 효과가 높다.

A variety of sunblocks

자외선 차단제 덧바르기

자외선 차단제는 사람 참 귀찮게 하는 아이다. 길게는 4~5시간, 보통은 2~3시간마다 덧발라주지 않으면 아침에 공들여 바른 게 모두 허사가 되는 배은망덕한 아이템이니 말이다. 바르기나간편하고 쉬우면 말도 안 한다. 메이크업한 얼굴에 자외선 차단제를 덧바를 생각을 하면 두려움이 앞선다. 들뜨진 않을까, 뭉치진 않을까, 혹시 가부키 분장처럼 허옇게 되진 않을까. 두렵고또 두렵다. 그래서 좀 더 쉽고 안전하게 자외선 차단제를 덧바를 수 있는 방법에 대해 소개한다.

메이크업을 했다면 파우더 타입

메이크업을 한 상태에서 2~3시간마다 자외선 차단제를 덧바르는 일은 그리 쉬운 일이 아니다. 이럴 때는 미세한 입자의 파우더 타입 차단제로 수정 메이크업을 하듯 덧바르는 것이 좋다. 티슈나 오일페이퍼로 번들거리는 유분기를 제거하는 것도 잊지 말자. 뭉치지 않도록 얇고 세심하게 덧바르면 된다.

노메이크업 상태에서는 리퀴드, 스틱 타입

노메이크업 상태에서는 물티슈나 클렌징 티슈로 가볍게 오염물질을 닦아내고 리퀴드나 스틱 타입의 자외선 차단제를 꼼꼼하게 덧바른다. 노메이크업 상태에서 가볍게 바르는 선파우더만으로는 완벽한 자외선 차단 효과를 볼 수 없다. 수정이 아닌 처음 자외선 차단제를 바르는 마음으로 꼼꼼하게 발라준다.

민감성 피부라면 스프레이 타입

솔직히 말하면 민감성 피부의 경우 피부의 오염물질을 깨끗하게 클렌징하고 덧바를 수 없다면 자외선 차단제 덧바르기를 포기하는 편이 낫다. 오염물질 위에 유분기 가득한 자외선 차단제가 범벅이 되면 피부 트러블을 유발하거나 악화시킬 위험이 있기 때문이다. 그래도 자외선이 걱정된다면 오일프리 타입의 스프레이 자외선 차단제를 선택할 것. 피부에 최대한 자극을 주지 않고 덧바를 수 있는 아이템이다.

All about sunblocks

자외선 차단에 관한 모든 것

자외선. 나름 피한다고 피하고 있지만 정말 제대로 피하고 있는 걸까? 그런데 왜 무방비로 노출되었을 때랑 비슷한 후유증에 늘 시달리게 되는 건지. 한순간도 방심해선 안 되는 자외선 차단에 관한 궁금증. 병원 홈피나 블로그를 보면 같은 고민으로 상담을 하는 이들이 너무나도 많다. 그래서 전문가에게 자외선 차단에 관해 궁금한 모든 것에 대해 물었다.

Q 하루 종일 야외에서 보냈는데 자외선 차단제를 깜빡했어요. 응급처방으로 모자를 계속 쓰고 다녔지만 집에 돌아와 보니 눈 밑 광대뼈 주변이 붉고 며칠 지나자 거뭇거뭇 주근깨 같은 것이 돋아났어요. 백옥 같지는 않았지만 예전 피부가 그리워요!!

A 모자나 선글라스, 긴 소매 옷만으로는 자외선을 완벽하게 차단할 수 없습니다. 이미 스폿이 생긴 상황이라면 스폿 케어 제품을 이용해 4~8주 꾸준히 관리하면 좋아질 수 있습니다. 만약 심각한 상황이라면 피부과 시술을 받아보도록 하세요. 보습 케어를 주 1회씩 3회 정도 받은 후 남아 있는 색소침착은 IPL이나 레이저 토닝, 비타민 케어를 이용한 시술을 받으면 좀 더 나은 효과를 볼 수 있답니다.

Q 바닷가에서 태닝을 했는데 가뭄에 논바닥 갈라진 것처럼 심하게 건조해졌어요. 따끔거림은 잦아들었지만 심하게 건조하고 가려워요. 가려움을 달랠 수 있는 방법이 없을까요?

A 선탠 후 확실한 보습 케어를 하지 않으면 피부는 급격하게 건조해질 수 있습니다. 입욕할 때 보디 오일이나 아로마 오일을 첨가해보세요. 건조한 피부에 할 수 있는 가장 쉬운 응급 처방입니다. 단, 물의 온도는 너무 뜨겁지 않도록 조절하세요. 뜨거운 물은 건조한 피부를 더욱 자극시키니까요. 입욕 후에는 보디 밤이나 보디 크림을 발라 피부에 보습막을 형성하는 것도 잊지 마세요.

Q 자외선에 노출된후 각질층이 더 두꺼워지고 스크럽을 하면 각질의 양이 엄청납니다. 원래 각질이 이 정도는 아니었는데, 덕분에 메이크업을 하면 피부하고 메이크업이 각자 따로 놉니다.

A 자외선에 의해 피부가 스트레스를 받으면 피부 속 탄화단백질이 증가합니다. 탄화단백질이 증가하면 각질층의 턴오버가 둔화되어 각질을 스스로 탈락시키지 못해 계속 쌓이죠. 당연히 피부결이 거칠어지고 수분보유 능력도 줄어듭니다. 건조해진 피부는 노화의 첫 번째 신호가 됩니다. 이럴 때는 메이크업으로 커버해도 소용없고 오히려 거친 피부결이 도드라져 보일 수 있습니다. 피부의 근본적인 문제부터 해결하세요. 피부의 탄화단백질을 제거하는 성분이 담긴 제품을 선택하거나 피부의 재생력을 회복시켜주는 기능성 제품으로 꾸준히 관리하는 것이 좋습니다.

Q 자외선 차단제는 유효기간이 1년 정도라는데, 다른 화장품에 비해 왜 유효기간이 짧은 걸까요?

A 일반 화장품에 비해 기능성 화장품은 유효기간이 짧은 게 사실입니다. 더구나 자외선 차단제는 덧바르기 위해 휴대하는 경우가 많죠. 이러한 특성상 고온 다습한 환경에 제품이 노출되는 시간이 많기 때문에 유효기간이 짧아질 수 있답니다. 작년 여름에 개봉해서 올해 가을까지 사용하고 있는 자외선 차단제라면 거의 효능이 없다고 보면 됩니다. 고가의 자외선 차단제를 조금씩 아껴가며 2~3년을 사용하기보다 조금 저렴하더라도 짧은 기간 내에 마음 놓고 듬뿍 사용할 수 있는 제품을 선택하는 것이 바람직합니다.

Q 태닝을 할 때도 자외선 차단제를 발라야 한다는 얘기를 들었어요. 예쁘게 태우려고 하는 것인데 자외선을 차단하면 태닝이 될까요?

A 태닝을 할 경우에는 자외선 차단제는 바르지 않는 것이 좋습니다. 자외선 차단제를 바르게 되면 태닝의 효과를 보지 못할 수 있습니다. 예쁘게 태닝을 하려면 태닝 로션이나 오일을 사용하면 됩니다. 요즘은 태닝제품에 5~13 정도의 SPF 지수가 있는 제품들도 있습니다. 자외선에 민감한 피부라면 SPF 지수가 있는 제품을 선택해 서서히 태닝하는 것이 좋습니다. 단, 얼굴이나 목 부분은 스폿이 생길 수 있으니 반드시 자외선 차단제를 바르세요.

Q 피부가 햇빛에 많이 노출된 후 따끔거려서 아무것도 바르지 못하겠어요. 애프터 케어가 피부나이 5살 정도를 좌우한다는데, 이대로 방치해서는 정말 안 될 것 같아요. 어떤 걸 바르면 좋을까요?

A 민감한 피부에 최대한 자극을 줄이면서 애프터 케어를 할 수 있는 방법은 계면활성제, 색소, 방부제가 첨가되지 않은 100퍼센트 천연 제품을 사용하는 것입니다. 특히 시어 버터 성분이 들어 있는 보디 제품은 자외선차단에도 효과적이고 자극 받은 피부에 보습과 영양을 공급해주기 때문에 그야말로 최고의 효과를 지녔답니다.

Q 스키장에 다녀온 후로 피부도 심하게 건조해지고 잡티도 올라오는 것 같아요. 겨울이라 조금 방심했나 봐요. 스키장에서는 차단 지수가 어느 정도 되는 제품을 사용해야 하나요?

A 차갑고 건조한 칼바람이 부는 스키장에서는 짧은 시간 외부활동만으로도 피부에 큰 자극을 줄 수 있습니다. 1차적으로 보습과 자외선 차단에 충실해야 합니다. 짧은 시간에도 피부 멜라닌 색소가 빠르게 증가하고 수분이 급격하게 저하되기 때문입니다. 리치한 느낌의 수분크림과 SPF 30, PA++ 이상의 제품을 선택하는 것이 바람직합니다. 고글착용도 절대 잊지 마세요.

비욘세의 매혹적인
피부 따라잡기

태양의 계절 여름. 이 계절만큼은 적당히 그을린 건강미 넘치는 피부가 매력적인 게 사실이다. 매년 7월이 되면 늘 같은 고민을 반복한다. 올 여름엔 태닝을 할까, 말까? 적어도 내 기준에서 섹시하고 매력적인 태닝 컬러는 하루 이틀 만에 완성되는 컬러가 아니다. 짧지만 여러 날을 공들여야 완성되는 컬러이기에 스케줄을 따져보다, 그리고 고민을 거듭하다 결국 포기하기 일쑤다. 그런데 태닝하기로 결정한 순간부터 사람들은 독해진다. "하루 바짝 구워서 섹시해질 테다!"라고 다짐이라도 한 듯 오전 11시부터 오후 3~4시까지 빡빡한 태닝 스케줄을 짠다. 차근차근 조금씩 자외선에 노출시켜야 일광화상을 입지 않고 매력적인 피부톤을 얻을 수 있는데 말이다. 태닝을 할 때도 계획적으로, 절대 무리하지 말고 워~워~

The Basis
of tanning

태닝 스케줄, 절대 무리하게 잡지 말자

1일째 | 일광 화상에 가장 주의해야 하는 첫째 날. 오전 10시~오후 3시의 시간대를 피해 2회 정도 태닝한다. 한 번에 절대 20분을 넘기지 말 것. 얼굴에는 자외선 차단지수가 높은 차단제를 바른다. 태닝 후 샤워 시에는 타월로 세게 문지르지 말고 부드러운 스펀지로 닦아내야 자극이 적다.

2일째 | 첫 날보다 10분 정도 시간을 늘려 한 번에 25~30분 정도 태운다. 아침 시간대와 늦은 오후를 선택할 것. 태닝 중 땀은 바로바로 닦아야 얼룩이 지지 않는다. 자외선을 많이 받는 어깨와 땀이 많이 나는 곳은 수시로 태닝 제품을 발라준다. 태닝 후에는 미지근한 물로 샤워 하고 샤워 후에는 보습제품을 바르는 것도 잊지 말 것.

3~5일째 | 어느 정도 피부가 그을렸다고 방심하는 것은 금물. 피부는 며칠 동안 계속 자극을 받고 있는 상태다. 절대 무리하게 태닝을 해서는 안 된다. 둘째 날과 마찬가지로 25~30분 정도의 태닝을 하고 수분을 보충하는 것이 중요하다. 태닝 횟수는 3회로 늘려도 좋다. 다만 피부가 따끔거리거나 화끈거리면 곧바로 중지한다. 태닝 후에는 음식을 골고루 섭취하고 잠도 푹 자는 것이 피부활성에 도움을 준다.

태닝을 할 때 지켜야할 **5가지 법칙**

1. 제모, 각질 제거는 필수

피부 상태가 깨끗해야 태닝 후 얼룩이 없는 브론즈 컬러를 얻을 수 있다. 따라서 각질 제거와 제모는 필수다. 각질 제거는 한 달 전부터 주 1~2회 꾸준히 하는 것이 자극을 줄이는 방법이다. 제모는 일주일 전에, 면도기를 이용하는 제모는 취침 전에 하는 것이 좋다.

2. 태닝의 기본은 수분 섭취

태닝을 하기 전과 후에는 충분히 수분을 섭취하고 피부에도 보습 관리를 철저히 하는 것이 좋다. 충분한 수분을 함유한 건강한 각질층은 자외선으로 인한 일광화상 및 기미, 주근깨 등의 색소 침착을 억제하는 효과가 있다. 태닝 후에는 피부에 수분이 부족한 상태라 즉각적으로 수분을 공급해 피부를 진정시켜야 한다. 비타민 A, C, E와 같이 항산화제가 풍부한 과일이나 플라보노이드가 함유된 녹차를 마시면 좋다.

3. 얼굴만큼은 완벽 차단

태닝 시 얼굴은 제외해야 한다. 기미, 주근깨 등의 피부 트러블이 일어날 가능성이 많기 때문. 태닝 전, 얼굴과 목에 자외선 차단제를 바르고 수건으로 얼굴을 감싸 자외선을 최대한 차단하는 것이 좋다.

4. 태닝과 수영, 한 가지만 집중

태닝할 때 물에 자주 들어가는 것은 좋지 않다. 물에 반사되는 자외선의 양이 백사장보다 훨씬 강렬하기 때문에 순식간에 일광 화상을 입을 수 있다. 뿐만 아니라 태닝 제품이 벗겨져 얼룩이 남을 수 있다.

5. 고정 자세는 금물

온몸이 고르게 태워질 수 있도록 한 자세로 계속 있지 말고 위치나 동작을 바꿔준다. 땀이 난 부분은 바로 땀을 제거하고 태닝 제품을 다시 발라야 한다. 몸에 모래나 이물질이 붙었는지도 꼭 확인할 것.

자외선 차단제 활용 공식

제대로 알고 사용하는 것과 모르고 대충 사용하는 것. 그 후에 나타나는 데미지와 효과는 극과 극을 이룬다. 자외선 차단 효과를 한층 더 업그레이드 시켜줄 방법들을 알고 있다면 자외선으로부터 받을 수 있는 데미지를 최대한 줄일 수 있다.

자외선 차단제는 두껍게 바르자.

‘SPF 50’, ‘PA+++’ 제품이라 하더라도 충분한 양을 바르지 않으면 SPF 10 정도의 효과밖에 얻을 수 없다. 자외선 차단제의 올바른 사용량은 1제곱센티미터에 2밀리그램의 양을 사용하는 것이다. 그러나 자외선 차단제 특유의 번들거림과 백탁 현상 때문에 보통 1제곱센티미터에 0.5밀리그램 정도 부에 사용하지 않는다고 한다. 이렇게 되면 SPF 50의 제품을 사용해도 1/4정도의 효과밖에 얻을 수 없다는 얘기다. 이왕 자외선 차단을 하려거든 제대로 발라라. 많은 양을 바르고 충분히 흡수시키고 번들거림은 오일페이퍼로 잡아주면 된다.

자외선 차단제는 수시로 덧발라라.

자외선 차단제는 2~3시 간마다 한 번씩 덧발라줄 것. 땀을 흘렸을 경우에는 40분 이내에 덧바르는 것이 좋다. 메이크업 위에 덧바를 수 있는 파우더 타입의 제품이나 자외선 차단 기능이 있는 메이크업 제품을 사용하면 쉽다.

외출 시 모자나 양산, 선글라스를 착용하라.

자외선 차단제가 자외선을 100퍼센트 차단해주는 것은 아니다. 모자나 옷으로 피부가 직접 자외선에 노출되는 것을 피하도록 한다. 햇볕이 강한 날 외출할 때는 가능하던 화이트 톤의 밝은 색 계열 옷을 선택하는 것이 좋다. 빛을 반사시키기 때문이다. 이밖에 눈의 보호도 중요하다. 운전이나 야외활동 시에는 반드시 자외선 차단 기능이 있는 선글라스를 착용해 눈을 보호할 것.

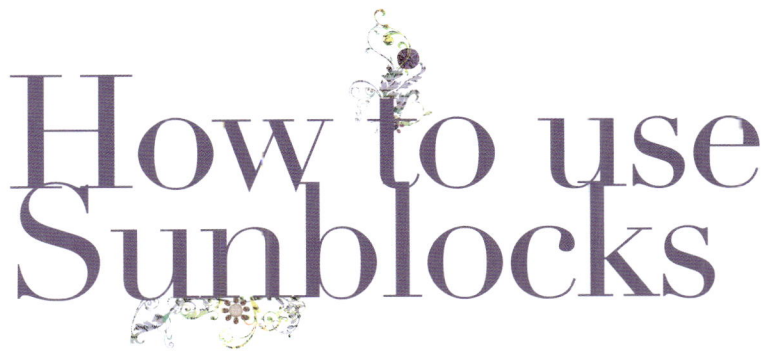

How to use
Sunblocks

비타민 C를 함께 복용하라.

비타민 C는 자외선, 오존, 그 밖의 화학물질에 저항력을 길러준다. 자외선 차단제를 바르더라도 평소 비타민 C 복용은 필수다. 홍피망의 비타민 C 함유량은 파란 피망의 2배, 비타민 A 함유량은 10배에 이른다. 잘게 썬 홍피망 한 컵 분량에는 하루 비타민 C 권장량의 100~150퍼센트가 들어 있다. 자외선이 기승을 부리는 여름철, 피망이나 브로콜리, 토마토 주스를 마셔보자.

자외선 차단제 사용 전 성분 표시를 꼼꼼히 따져보라.

화학적 자외선 차단제는 효과는 높지만 다양한 화학 성분이 혼합되어 피부에 자극을 줄 수 있다. 포함된 성분 중 피부 타입별로 주의해야 할 것을 미리 알아두자.

지성피부—옥시벤존, 매톡시시나메이트 등의 화학적 자외선 차단 성분은 번들거리는 지성피부의 피지와 결합해 트러블을 유발할 수 있다.

건성피부—멘톨, 페퍼민트 등 '화~' 한 느낌이 드는 성분은 피부 진정작용에 확실히 효과가 있다. 하지만 건성피부에는 쥐약. 건조한 피부에 더욱 자극을 줄 수 있기 때문에 피하는 것이 좋다.

자외선 차단제는 외출 20분 전에 사용하라.

20분. 피부에 바른 자외선 차단제가 그 작용을 시작할 수 있는 최소한의 시간이다. 최소한 외출 20분 전에는 자외선 차단제를 바르고 태양 앞에 나설 것. 피부도 자외선의 공격에 맞설 시간이 필요하다.

365일 자외선을 차단하라.

자외선 차단제는 여름철 뷰티 아이템이 아니다. 1년 365일 매일매일 자외선 차단제를 바르는 습관을 기르자. 흐린 날도 방심은 금물. 구름이나 안개로 햇볕이 직접 피부에 닿지 않는다고 자외선이 차단되는 것은 아니다.

After Sun care

자외선 공습에서 살아남기, 애프터 썬 케어

바캉스를 마치고 집으로 돌아온 후 한 달. 그 한 달이 당신의 피부 나이를 결정한다. 자외선으로 상처받은 피부를 그대로 방치하면 거뭇거뭇 거친 피부결과 자글자글한 주름이 부메랑처럼 되돌아올 테니까. 달아오른 피부를 진정시키고 보습에 충실하고 화이트닝에 집중하라. 지금, 우리가 해야 할 일은 애프터 썬 케어에 총력을 기울이는 일이다.

step1. 달아오른 피부 속 열부터 내린다.

보통 피부는 자외선에 노출된 지 4~6시간 후부터 붉게 달아오르기 시작한다. 화끈거리고 따가움을 느끼는 피부에 가장 중요한 케어는 쿨링이다. 태양에 그을려 가벼운 화상을 입었을 경우 가장 간단한 방법은 찬물에 샤워를 하거나 찬물에 적신 타월로 냉찜질해주는 것. 차가운 얼음으로 화상 부위를 냉찜질하고, 피부 진정 효과가 좋은 쿨 팩 등을 발라준다. 녹차나 알로에는 피부 진정효과가 뛰어나기 때문에 팩을 하는 것도 도움이 된다.

step2. 건조해진 피부에 수분을 공급한다.

햇빛 노출 24시간이 지나면 통증이 극에 달한다. 이때 우리 몸은 몸 속 수분을 끌어 모아 열을 식히려 한다. 때문에 우리 몸에 가장 필요한 것은 수분이다. 수분이 밖으로 빠져나간 피부는 당기는 느낌이 들고 미세한 주름이 형성된다. 이 시기에 케어를 잘못하면 피부는 탄력을 잃고 노화가 진행될 수 있다. 냉장 보관한 수분 크림이나 마스크시트를 이용해 쿨링 효과와 수분공급을 동시에 실시한다. 알로에 팩이나 감초 팩은 통증과 부기를 해소해준다. 화상을 입은 피부가 진정이 되지 않은 상태에서 다시 자외선에 노출되지 않도록 주의하자.

step3. 새 피부 되찾기, 재생에 올인한다.

쿨링과 수딩으로 기초 케어를 마쳤다면 피부 세포 순환 주기를 돕는 재생 제품을 사용하는 것이 좋다. 햇빛에 탄 피부를 무리하게 벗겨내거나 때를 밀어 없애려고 하지 말 것. 무리한 태닝으로 자극받은 피부는 자연스럽게 표피가 떨어지고 새로운 각질 세포가 생기기를 기다려야 한다. 원상태로 돌아오는 시간을 좀 더 앞당기려면 피부 각질을 부드럽게 제거할 수 있는 보디 스크럽을 일주일에 1~2회 사용하고 화이트닝 제품보다는 재생 크림을 사용하는 것이 좋다.

step4. 화이트닝과 안티에이징에 총력을 다한다.

화끈거리고 가렵고 껍질이 벗겨지고 건조했던 피부는 보통 일주일 정도가 지나면 회복되기 시작한다. 이 시기가 되면 피부는 탄력을 잃게 되고 하나 둘 기미와 주근깨 같은 잡티가 보이기 시작한다. 또한 피지 분비선이 자극을 받아 트러블이 생기기도 한다. 잡티를 케어하는 스폿 화이트닝 제품을 사용하고 꾸준히 수분 공급을 해준다. 꿀과 가루녹차로 만든 천연 화이트닝 팩을 이용하는 것도 좋다.

step5. 기능성 샴푸에 천연팩으로 보강한다.

자외선에 피부만 혹사당하는 것이 아니다. 바닷물의 염분, 수영장의 소독약, 자외선에 두피와 모발도 심한 손상을 받는다. 우선 깨끗한 두피와 모발 클렌징이 중요하다. 빨갛게 달아오르고 화끈거리는 두피는 얼음찜질로 열기를 식히고 두피 에센스로 마사지해주는 것이 좋다. 만약 상태가 호전되지 않으면 반드시 두피 전문가를 찾아 상담을 받자. 자칫 탈모로 이어질 수 있기 때문. 트리트먼트는 유분감이 있는 트리트먼트보다는 강력한 보습 효과를 가진 것을 사용해 두피어 직접 바르지 말고 모발 끝부분부터 신경 써서 바를 것. 일주일에 한두 번 다시마 팩이나 달걀 팩을 이용하는 것도 좋다.

자외선으로부터 두피를 보호하라

바닷물의 염분과 수영장의 소독약, 강렬한 직사광선에 두피와 모발은 무방비 상태다. 아무런 대책 없이 자외선의 공격을 받고 있는 두피와 모발은 지금 이 순간에도 처량하게 늙어가고 있다. 그럼에도 늘 피부에 한 발 밀려 홀대 아닌 홀대를 당하고 있다. 이렇게 홀대하다 보면 어느 날 듬성듬성 속이 보이는 두피와 빗도 안 들어갈 만큼 거칠어진 모발을 맞이해야 할지도 모른다. 두피는 마땅히 관리 받아야 하는 피부고 모발도 아름다움에 당당히 한 몫 하는 제 2의 피부다. 제발~ 있을 때 잘합시다!

자외선에 상처받은 두피와 모발 케어

1. 해수욕 직후 반드시 머리를 감을 것. 염분, 땀, 노폐물, 먼지, 자외선에 손상을 입은 두피와 모발은 청결한 상태를 유지하고 진정시켜야 한다.

2. 자외선에 자극받은 두피에도 쿨링 케어가 반드시 필요하다. 얼음찜질을 하거나 두피 진정 보습제를 뿌려주는 것이 좋다. 이도 저도 없다면 페이스용 수분 스프레이라도 지속적으로 뿌려 열을 식히자.

3. 두피도 피부처럼 타입이 있다. 건성, 지성, 민감성. 자신의 두피 상태와 모발 상태에 맞는 샴푸를 선택하고 샴푸할 때는 절대 손톱을 이용해 자극을 주지 말 것. 안 그래도 지금 두피는 아프고 또 아프다.

4. 알로에 베라, 시어 버터 등의 천연 성분이 담긴 샴푸는 보습과 진정 효과를 부여해 자극받은 두피에 활력을 준다.

5. 두피의 열기를 식히기 위해 찬물로 샴푸할 것. 너무 뜨거운 물로 샴푸하면 두피의 열기를 식힐 수 없고 오히려 자극이 될 수 있다. 자연바람으로 말리는 것이 좋지만 드라이어를 이용할 경우 찬바람을 이용해 완전히 건조해야 한다.

6. 케라틴의 주요 성분인 아미노산 함유 단백질을 충분히 섭취한다. 달걀, 콩, 돼지고기 등의 단백질, 미역, 다시마 등의 해초류, 비타민 C가 풍부한 딸기, 레몬, 브로콜리, 피망 등의 채소와 과일을 섭취한다.

7. 자외선에 오랜 시간 노출될 상황에는 모자를 꼭 써라. 자외선 차단 기능이 있는 헤어 에센스를 바르는 것도 좋다. 헤어 전용 자외선 차단제는 주로 2~3시간 정도만 지속되니 자주 덧발라주는 것이 좋다.

Hair care

자외선에 상처받은
피부를 위한
퀵 솔루션

쿨링의 최강자, 알로에 얼음찜질

선번 때문에 화끈거리거나 따갑다면 차가운 얼음주머니와 알로에 등으로 화상 부위를 찜질하고 열을 내리는 것이 좋다. 햇빛에 손상을 입은 피부는 붉게 변하는데 이때 피부 표면의 온도를 낮추지 않으면 회복되는 과정에서 각질이 일어나거나 색소 침착이 생길 수 있다. 냉장 보관한 차가운 알로에를 잘라 피부에 붙이거나 얼음주머니로 찜질을 해 보자. 찬 우유로 마사지하는 것도 좋다.

확실한 미백 & 진정 효과, 녹차 팩

녹차 안의 플라보노이드 성분이 멜라닌 색소의 생성을 완화시켜 준다. 녹차 가루와 우유를 걸쭉하게 섞어 반 스푼 정도 얼굴에 올려놓고 약 15분간 팩을 한다. 찬물로 닦아내면 미백에 도움을 주고 피부 진정 효과도 탁월하다

보습과 각질제거, 흑설탕 팩

흑설탕은 보습효과와 더불어 각질 제거에 탁월한 효과를 지녔다. 우유를 더해 팩을 하면 피지도 제거되고 촉촉하게 케어할 수 있다. 단, 흑설탕은 입자가 거칠기 때문에 자칫 자극받은 피부를 더욱 자극시킬 수 있으니 너무 세게 문지르지 말 것.

진정 & 화이트닝의 마법사, 오이 · 감자 팩

피부가 까맣고 거칠게 바뀌었다면 수분 공급에 도움을 주는 오이 팩이나 화상 입은 피부에 진정효과가 있는 감자 팩을 꾸준히 하면 좋다. 팩 후에는 유분이 많은 보습제나 영양이 풍부한 화장품을 바를 것.

즉각적인 쿨링 & 수딩 효과, 수박껍질 팩

미네랄과 비타민이 풍부한 수박의 껍질을 이용해 팩을 하면 즉각적인 쿨링&수딩 효과를 얻을 수 있다. 수박 껍질의 흰 부분을 강판에 갈아 밀가루를 넣고 팩을 만들어 자극받은 피부에 붙이고 20분 후 물로 헹구면 된다. 다 귀찮다면 냉장 보관한 수박 껍질의 하얀 부분을 얇게 슬라이스해서 그대로 붙여주기만 해도 효과 만점!

찰랑찰랑 머릿결, 다시마 팩

빗이 들어가지 않을 정도로 뻣뻣해진 머릿결. 다시마 팩 하나면 고민이 해결된다. 곱게 간 다시마 가루를 물에 잘 섞어 걸쭉해지면 머리에 바른다. 비닐 캡을 쓰고 20~30분 방치한 후 깨끗하게 헹궈낸다.

윤기 좔좔 트리트먼트, 달걀 팩

달걀 흰자를 제거한 노른자에 콩기름을 몇 방울 떨어뜨려 잘 섞는다. 샴푸를 마친 머리카락의 물기를 어느 정도 제거한 후 팩을 바르고 비닐캡을 쓴다. 약 20분이 지난 후 미지근한 물로 헹군 뒤 샴푸로 가볍게 헹궈낸다.

Lovely Skin 3
Skin Trouble

밤새 술 마시고 추태를 부리는 헐리우드 파티 걸들.
파파라치에 찍히는 사진마다 담배를 물고 있는 그녀들. 분명 피부가
엉망이어야 공평한 일인데 그녀들의 피부는 "내가 언제?" 하고 있다.
그녀들처럼 수천 달러짜리 에스테틱 케어를 받고 수백 달러의 스폿 제품을
사용할 수 없다면 매끄러운 피부는 아예 포기해야 하는 것일까?

청춘의 상징 여드름. 그깟 청춘의 상징 따윈 필요 없으니 제발 여드름이나 뾰루지는 없었으면 좋겠다. 학창시절에도 나지 않던 여드름이 서른이 넘어서 불쑥불쑥 생기기도 하고 조금만 스트레스를 받으면 이마에 어김없이 트러블이 생긴다면 어찌해야 할 것인가. 그저 손으로 꾹꾹 눌러 영광의 상처를 봐야할 것인가.

밤새 술 마시고 추태를 부리는 헐리우드 파티 걸들. 파파라치에 찍히는 사진마다 담배를 물고 있는 그녀들. 분명 피부가 엉망이어야 공평한 일인데 그녀들의 피부는 "내가 언제?" 이러고 있다. 그녀들처럼 수천 달러짜리 에스테틱 케어를 받고 수백 달러의 스폿 제품을 사용할 수 없다면 매끄러운 피부는 아예 포기해야 하는 것일까?

여드름 완벽 퇴치, 매끄러운 피부 만들기

지금 뾰루지와 악성 여드름에 시달리는 당신의 피부는 고가의 에스테틱 케어를 받지 못해서가 아니다. 게을러서, 마음에 여유가 없어서, 그리고 정크푸드를 먹고 있어서 망가지는 경우가 훨씬 많다. 식습관을 바꾸고 좀 더 부지런해지고 마음의 여유를 찾는다면 얼마든지 명품 피부를 가질 수 있다.

꼭 공부 못하는 애들이 책가방만 무겁고 글씨 못 쓰는 사람이 펜 탓한다. 관리는 하지도 않으면서 '팔랑 귀'라는 이유로 이 제품 저 제품 사 모으고 있지는 않은가. 시간이 없어서, 너두 피곤해서, 여유가 없어서 관리를 하지 못한다고 핑계를 대고 있진 않은가. 고가의 화장품을 살 형편이 못 된다며 불평하진 않는가.

당신의 화장대에 어떠한 제품도 추가할 필요가 없다. 그저 올바른 정보를 습득하고 라이프스타일을 바꾸고 행동에 옮겨라. 그게 부드럽고 매끄러운 피부를 가꾸는 시작이다.

여드름, 도대체 왜 나는 걸까

지피지기 백전백승이라고 여드름의 원인을 알아야 예방하고 치료
할 수 있다. 단순히 체질이라고 생각하고 포기하지 마라. 여드름이
잘 나는 체질이라면 좋은 체질로 바꾸면 되고, 생활 습관이 문제라
면 생활 습관을 바꾸면 된다. 여드름이 지긋지긋하다면 여드름과
이별할 방법을 모색해야 한다. 원인부터 파헤치고 방법을 찾자.

여드름이 생기는 **원인들**

1. 호르몬 불균형

사춘기에는 남성호르몬의 분비가 갑자기 증가해 여드름이 발생하곤 한다. 당신의 호르몬이 아직도 성정체성을 잃고 업 다운하고 있지는 않은가. 의학적으로 여드름이 나는 첫 번째 이유가 바로 호르몬 불균형이다. 요동치는 호르몬 레벨 때문에 과도하게 분비된 피지가 모공을 막고 막힌 모공이 염증으로 이어져 여드름을 유발한다.

2. 잦은 화장품 교체

혹시 자신이 '팔랑 귀(귀가 얇아 A제품이 좋다면 A제품을 사 므으고, B제품이 좋다면 B제품에 솔깃해지는 뷰티브랜드의 봉)' 는 아닌지 의심해볼 것. 자신의 피부 타입을 전혀 고려하지 않고 '누가 쓰는 제품' 이란 점원의 말에 혹해 이 제품 저 제품을 사모으는 타입은 아닌지. 물론 자신의 피부에 잘 맞는 제품을 선택하는 일은 중요하다. 하지만 너무 많은 제품을 쿡지덕지 바르는 것은 오히려 피부를 약하게 만들 뿐이다. 또한 여드름을 유발하는 박테리아에 노출될 확률을 높이는 행동이다.

3. 피부 방어력 약화

20대까지만 해도 찬란한 피부를 유지하던 당신이 30대에 접어들면서 부쩍 피부가 망가지고 있다면 피부를 보호하는 장벽이 약화된 것은 아닌지 의심해봐야 한다. 만년 청춘이 아니라는 사실이 서글프지만 피부는 나이가 들수록 방어력이 약해지면서 외부의 공격에 허물어지게 된다. 세포의 재생률도 급격하게 떨어지고 각질이 피부를 막아 끈질긴 여드름과의 전쟁이 시작된다.

4. 스트레스

스트레스 호르몬인 코르티솔은 성인 여드름의 가장 큰 원인으로 꼽힌다. 반복되는 야근, 남자친구와의 갈등, 취업에 대한 압박, 직장 상사의 눈총. 당신의 스트레스 지수가 초고치를 기록하고 있지는 않은지. 게다가 수면부족까지 겹치는 날엔 얼굴 여기저기 농이 찬 알록달록 여드름이 수를 놓는다.

5. 잘못된 식습관

잘못된 식습관으로 살만 찌는 것이 아니다. 각종 인스턴트 식품, 맵고 짠 자극적인 음식은 피부에 아무런 도움이 되지 못한다. 더구나 소화기 상태가 나쁜 사람이라면 피부가 좋을 리 없다. 만약 위장질환을 가지고 있다면 비만이나 뾰루지에 대한 대책을 함께 마련해야 할 것이다.

Causes of acne

성인 여드름 케어의 모든 것

여드름의 원인을 체크했다면 이제 여드름을 케어할 방법을
찾을 시간이다. 음식 때문에 여드름이 생긴다면 음식을 조절
해야 하고, 수면 부족으로 여드름이 생긴다면 잠을 청해야
한다. 어떤 방법으로 여드름의 진행을 막아야 하는지 속 시
원한 여드름 케어의 모범 답안을 제시한다.

1. 음식 조절이 생명

음식을 잘못 먹어도 피부 트러블, 즉 여드름이 심해진다. 혈액을 탁하게 만드는 튀김류나 밀가루 음식을 피하고 과자나 탄산음료도 멀리 할 것. 비타민 B, B$_2$가 많이 함유된 우유, 치즈와 비타민 C가 함유된 신선한 과일과 채소를 꾸준히 섭취하는 게 좋다. 밤에 먹는 음식은 피지 분비를 촉진하기 때문에 자제해야 한다. 잘만 지키면 아름다운 피부는 물론 날씬한 몸매도 얻을 수 있다.

2. 천연 화장품 선택

천연 아로마 제품이 아닌 이상 화장품을 향기로 고르지 말 것. 향기가 좋다는 것은 그만큼 화학 방부제나 향료가 많이 들어갔다는 얘기. 향기보다는 보습력, 천연성분 등을 따져보고 고르는 것이 좋다. 대부분 여드름으로 고생하는 이들의 피부 특징은 피지가 왕성하고 수분은 적다는 것이다. 오일프리 타입의 수분크림을 선택하는 것이 좋고 과도한 영양크림이나 에센스는 자제해라.

3. 아로마테라피로 스트레스 원인 제거

라벤더 에센셜 오일은 기분을 좋게 하고 마음을 차분하게 한다. 오일의 향을 맡거나 라벤더 티를 마셔보자. 티트리와 라벤더 오일은 피부에 직접 사용해도 무방하다. 마사지 오일이나 우유에 희석해 입욕제로 사용하면 더 효과적이다. 라벤더 오일을 희석한 마사지 오일을 자기 전 가슴 위, 목, 어깨 부분에 바르면 긴장을 해소하고 편안하게 잠을 청할 수 있다.

4. 운동 전 클렌징은 필수

성인 여드름은 헤어라인, 입, 턱, 목처럼 모공이 잘 열리지 않거나 클렌징 잔여물이 남기 쉬운 부위에 발생한다. 그만큼 꼼꼼한 클렌징은 필수다. 특히 땀을 많이 흘리는 운동 중에는 메이크업을 반드시 지울 것. 땀이 메이크업 성분과 혼합되어 모공에 염증을 일으킬 수 있다.

5. 금주와 금연

보통 성인 여드름이 발생하면 병원에서는 가장 먼저 스트레스 해소와 금주를 권한다. 알코올 분해 과정에서 발생하는 아세트알데히드가 피부 염증을 가속화시키기 때문. 금주만 한다고 해서 구조건 좋은 피부를 가질 수는 없다. 당신이 흡연자라면 반드시 금연해야 한다. 담배는 혈액 순환을 악화시켜 피부를 칙칙하게 만들고 피부 재생력도 낮아지게 한다. 흉터와 자국이 오래갈 수 있다는 사실.

6. 스트레스 해소가 가장 시급

사실 성인 여드름의 가장 일반적인 원인은 스트레스다. 체내 스트레스 호르몬이 분비되면 피지가 과도하게 분비되고 이는 여드름을 악화시킨다. 취미활동, 운동, 여행, 연애 등 스트레스를 해소할 자신만의 방법을 마련해두자.

7. 자외선 차단

여름철 내리쬐는 뜨거운 자외선은 피부의 최대 적. 탄력도 트러블도 스폿도 모두 자외선에서 비롯된다. 자외선은 각질층을 얇고 딱딱하게 변화시키며 딱딱해진 각질층은 수분이나 기타 물질의 흡수와 배출을 방해한다. 그리고 이는 트러블로 이어진다. 상황에 맞는 자외선 차단제를 사용하는 것은 선택이 아니라 필수며 자외선으로 인해 생긴 각질을 주기적으로 제거해야 한다.

8. 잠이 보약

숙면을 취하지 않으면 스트레스 호르몬이 분비되며 이는 여드름을 증가시키는 호르몬을 발생시킨다. 때문에 편안하게 숙면을 취하는 것이 피부에 가장 좋은 보약이다. "미인은 잠꾸러기!"라는 말이 진짜 사실이다. 불면증에 시달린다면 호두를 2~3알 먹는 것도 좋고 카모마일 티를 마시는 것도 좋다.

9. 트러블을 줄이는 기초제품 고르기

유분감이 없는 로션타입의 클렌저를 선택하는 것이 기본 중의 기본이다. 피지와 각질을 녹이면서 보습 효과가 있는 제품을 사용하는 것이 좋다. 스크럽 제품을 사용할 때는 최대한 피부 자극을 줄일 수 있는 AHA 성분의 제품을 사용한다. 파운데이션이나 파우더, 팩트 등은 모공을 막기 때문에 되도록 사용을 자제하고 만약 사용할 경우 피지를 제거하는 습관을 들여야 한다. 피지가 오염물질을 흡착해 트러블을 유발하기 때문.

10. 림프 마사지로 독소 제거

림프 마사지는 체내 독소를 배출하는 데 효과적이다. 스트레스성 여드름에 시달린다면 꼭 시도해볼 것. 림프 마사지 전에는 물을 충분히 섭취해 노폐물 배출을 쉽게 할 수 있도록 해야 한다. 귀와 입 주변에 분포된 림프절을 손으로 천천히 그리고 부드럽게 마사지한다. 여드름이 난 부위는 직접 손을 대면 자극을 줄 수 있으니 주위를 마사지한다.

뾰루지의 위치로 건강을 체크하자

"이마에 여드름이 나면 내가 누군가를 좋아하는 것이고, 턱에 나면 누군가가 나를 좋아하는 것이다."라는 말을 들어봤을 것이다. 여드름에 관한 대표적인 속설이다. 이 말이 사실이라면 사춘기, 혹은 20대의 혈기왕성한 이들은 모두 연애의 달인이 되었을 것이다. 그러나 어느 날 갑자기 한 부위에 집중적으로 여드름이 생기기 시작했다면 연애 상태보다 건강 상태를 체크하는 것이 현명하다. 한방 전문의가 알려주는 장기와 피부트러블의 관계를 소개한다.

Health checkup

이마에 나는 뾰루지

한의학에서 이마는 천정(天庭)이라 하고 이마에 뾰루지가 나면 심장에 열이 있다고 판단한다. 심장은 신경정신계가 포함되기 때문에 스트레스에 의한 뾰루지가 이에 속한다 할 수 있다. 이마에 나는 뾰루지, 당신이 누굴 좋아해서 나는 게 아니라 스트레스에 의한 트러블이다. 하긴, 짝사랑에 의한 스트레스일수도(^^).

코에 나는 뾰루지

코에 뾰루지가 하나 나면 괜히 술독이 오른 것도 같고 인상이 참 게을러 보이고 그렇다. 코에 나는 뾰루지는 비장(脾臟)에 소속된다. 비장에는 위장, 소장, 대장, 췌장 등 소화기관이 포함된다. 갑자기 소화가 안 되거나 화장실에 자주 가거나 한다면 어김없이 코에 뾰루지가 생길 수 있다.

왼쪽 뺨에 나는 뾰루지

왼쪽 뺨은 간장(肝臟)에 속한다. 간장은 우리가 알고 있듯 간과 담낭이 포함된다. 피로가 쌓이거나 술을 많이 마셨다면 왼쪽 뺨을 주의할 것.

오른쪽 뺨에 나는 뾰루지

오른쪽 뺨은 폐장(肺臟)에 속한다. 한방에서 말하는 폐장에는 기관지 등의 호흡계가 모두 포함된다. 기침 감기에 시달린다거나 줄담배를 피운다거나 오염된 환경에 노출되었다면 유난히 오른쪽 뺨에 뾰루지가 집중될 수 있다.

턱에 나는 뾰루지

턱은 지각(地閣)이라 하는데 신장에 속한다. 신장이라 분류하는 것은 세부적으로 자궁, 방광, 신장, 난소 등의 비뇨생식기관을 포함한다. 갑자기 턱에 뾰루지가 집중적으로 생긴다면 산부인과나 내과 진료를 받아보는 것도 필요할 듯.

기타

양 눈썹 사이를 인당(印堂), 코와 입술 사이 옴폭한 부분을 인중(人中), 입술 아래 부분을 승장(承漿), 이마 양 옆을 방광(方廣)이라 한다. 한의학에서 이 부위들은 생명의 근원이 되는 곳이라 하여 이곳의 빛깔을 보고 병의 심한 정도를 판단했다. 유난히 이 부위에 뾰루지가 심하게 발생한다면 전문의를 찾아 진료를 받아보는 것이 좋다.

도움주신 분 _ 동원 미즈 한의원 장재식 원장님

오염된 메이크업 도구가 피부를 망친다

공중 화장실을 이용할 때 변기에 바로 앉기가 싫어 엉거주춤 서서 볼 일을 보는 당신. 식당 테이블에 수저를 바로 놓기 싫어 냅킨 한 장 살포시 깔아주는 당신. 하지만 당신의 메이크업 도구는 어떠한가? 당신이 앉기를 거부하는 공중 화장실의 변기와 매일 아침 사용하는 메이크업 브러시의 차이점은 여럿이 사용하느냐, 혼자 사용하느냐의 차이일뿐이란 사실을 아는가. 지금 당장 책을 덮어도 좋다. 세균덩어리 메이크업 도구를 모아 욕실로 가서 깨끗이 세척하는 편이 피부엔 훨씬 도움이 될 테니까.

Make-up tools

일주일간 세척하지 않은
메이크업 도구의 **오염 순위**

1위_족집게

생각지도 못한 족집게의 오염도는 상상을 초월한다. 피부에 직접 닿는
것이 아니라고 방심해서는 절대 안 된다. 사용 전에 알코올을 묻힌 솜
으로 소독하고 사용 후에도 반드시 닦아서 보관할 것. 염증성 여드름이
있는 경우 오염된 족집게를 사용하면 세균 감염의 우려가 있으니 특히
주의해야 한다.

2위_립&아이 브러시

립 브러시는 입에 직접 닿는 도구다. 점심식사를 마치고 화장을 수정할
때 음식물이 묻어 식중독을 유발하는 세균까지 발생할 수도 있다. 비위
생적인 식당은 피하면서 정작 내 입술에 매일 닿는 립 브러시는 아무런
죄책감 없이 어제 사용하고, 오늘 사용하고, 내일도 사용할 것인가. 립
브러시는 화장품 발색을 위한 기름 성분이 다량 묻어 있기 때문에 세균
에 가장 취약한 메이크업 도구다. 한 번 사용하면 세척하는 습관을 갖
자. 아이 브러시도 마찬가지다. 잘못 관리하면 결막염도 일으킬 수 있
는 무시무시한 도구다. 립&아이 리무버로도 세척할 수 있으니 매일매
일 세척하도록 한다.

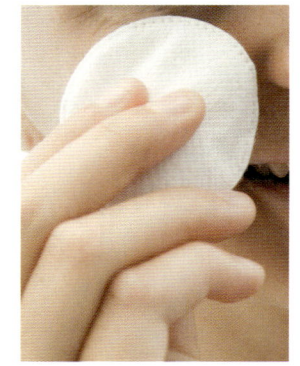

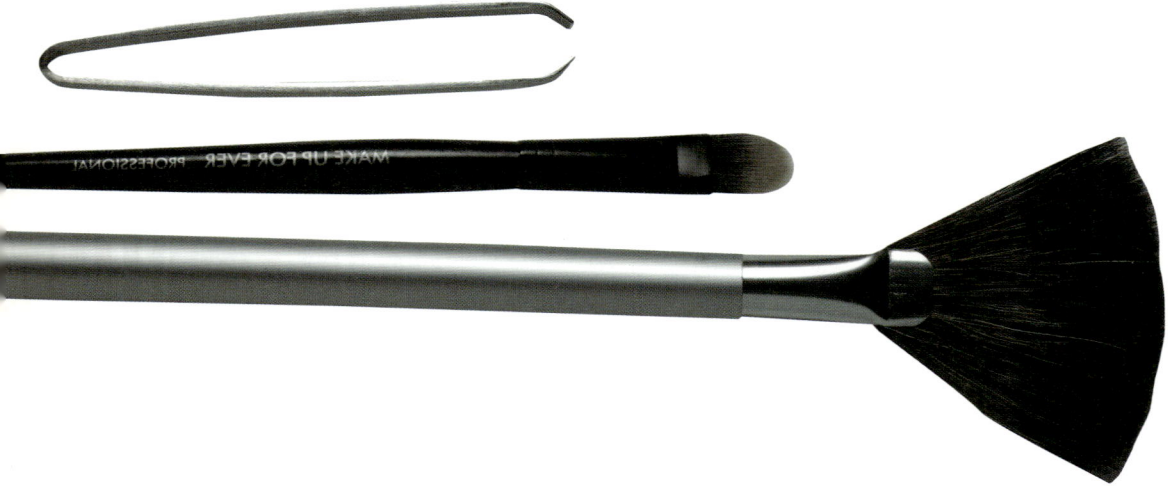

3위_메이크업 스펀지

일주일 동안 사용한 메이크업 스펀지의 세균 정도는 충격적이다. 여러 사람의 손이 닿는 지하철 손잡이와 비슷하다고 한다. 스타의 메이크업을 담당하는 아티스트들은 한 개의 스펀지로 절대 두 컷 이상 사용하지 않는다. 파운데이션이 깊숙이 스며들어 세균에 의한 모낭염도 유발할 수 있으니 조심하자. 한 번 사용하고 버린다면 낭비가 심해지니 미리 얼굴에 닿을 면적만큼씩 잘라 사용하는 것도 좋다. 사용한 뒤 바로 세척하는 것이 좋고 몇 번 세척하고 나서 형태가 흐트러질 때쯤 버린다. 매일 세척이 여의치 않을 경우 사용한 면을 가위로 잘라 쓰는 것도 방법이다.

4위_파우더 퍼프

일주일 동안 세척하지 않고 사용한 파우더 퍼프는 미세먼지와 각종 세균으로 오염되어 있다. 책상 서랍 속에 어지럽게 흩어져 있는 필기도구로 얼굴을 문지르는 것과 똑같은 상태. 파우더 퍼프는 얼굴에 밀착하는 면적이 가장 넓은 도구다. 피지를 흡착하기 때문에 세균의 먹이가 되는 피지와 유분이 가장 많이 붙어 있는 도구이기도 하다. 그만큼 오염될 확률이 높다. 사용한 퍼프를 그대로 팩트나 파우더 위에 올려 보관하면 파우더도 변질시킬 수 있다.

5위_파우더 브러시

얼굴에 밀착하는 도구가 아니라고 안심해서는 안 된다. 파우더 브러시역시 일주일 동안 세척을 하지 않으면 세균 수가 급격히 증가한다. 한가지 제품만 사용하는 것이 아니라 파우더, 블러셔 등을 번갈아 사용하기 때문에 주의가 필요하다. 특히 장마철이나 습기가 많은 곳에서 사용할 때는 브러시 사이사이에 제품이 흡착되어 오염을 일으키기 쉽다. 사용 후 여분의 잔여물을 톡톡 털어내고 전용 클리너나 클렌징 제품으로 일주일에 한 번은 세척하자.

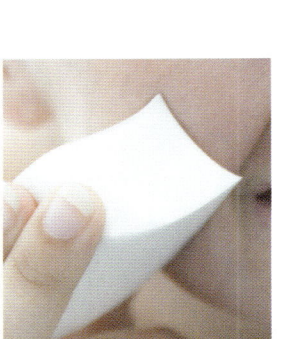

피부 트러블 배틀, 한방 VS 양방

"어떤 연예인이 어떤 영양 크림을 쓴다더라, 요즘 광고에 나오는 그녀가 에센스만큼은 어떤 제품을 고집한다더라, 지난 호 잡지에 보니 그 수분크림이 최강이라고 하더라……." 불행하게도 당신이 터득한 수많은 정보들은 이미 생긴 트러블 앞에 별 소용이 없을지도 모른다. 과도한 영양공급은 오히려 화를 부를 수 있기 때문. 근본적인 원인을 바로잡고 상황에 맞는 적절한 케어로 피부 트러블을 잠재우는 게 전문가들이 추천하는 방법이다.

한방 피부 트러블 대책

한방에서는 위장의 열이 심장의 화를 도와 폐장의 경락에 들어가서 발생하는 것이 뾰루지라고 한다. 일반적으로 뾰루지는 위장에 열이 많은 체질과 심장의 화가 왕성한 체질에서 많이 발생한다. 지금 주변에서 소화가 잘 안되거나 불같이 화를 잘 내는 사람들의 피부를 떠올려 보라. 나 역시 몇몇이 떠오르지만 그중 피부가 좋은 사람은 신기하게 단 한 명도 없다. 위장의 열은 불규칙한 식습관, 과식, 폭식 등에 의해 생긴다. 주로 인스턴트 음식이나 기름진 음식, 맵고 짠 자극적인 음식, 느끼하고 달콤한 음식 등을 섭취할 때 많이 생긴다. 이런 음식들을 멀리하고 신선하고 담백한 음식을 섭취해야 하며 과식이나 폭식을 삼가야 한다. 심장의 화는 과도한 스트레스에 의해 많이 발생하기 때문에 정서적인 안정을 취하고 그때그때 스트레스를 풀어야 한다.

피부 트러블을 해결하는 한방 시술

시술명 오토 MTS(Micro Therapy Needle System)

방법 미세한 침 여러 개가 장착되어 있는 침을 이용하는 시술. 피부에 미세한 구멍 수만 개를 만든 후 치료 효능이 있는 한약 액을 도포하여 투입하는 방법. 멀티 홀 테라피(Multi−hole Therapy)라고도 한다.

효과 오토 MTS는 흉터가 남지 않을 정도의 자극으로 피부에 상처를 입히고 그 상처가 정상 피부로 재생하려는 재생력을 이용하여 전보다 훨씬 개선된 피부로 변화 및 치료해가는 방식이다. 미세한 구멍에 투여한 약물이 피부 진피층까지 직접 도달하기 때문에 더욱 효과적인 치료를 기대할 수 있다.

일상 복귀 기간 강도에 따라서 달라지나 일반적으로 시술 당일 저녁까지 약간의 붉은 기운이 남아 있으며 다음날부터는 일상 생활하는 데 아무런 지장이 없다.

가격 사용하는 약물에 따라 가격이 달라지며 보통 1회에 4~7만 원 정도다.

Skin trouble solutions

양방 피부 트러블 대책

피부 트러블의 대책을 마련하기 위해 먼저 뾰루지가 생기는 원인부터 살펴봐야 한다. 피부에 과도한 영양분을 공급하지는 않았는지, 피지가 과도하게 분비되지는 않았는지 체크하자. 자외선 차단제나 영양크림 등을 포함해 과도한 영양분을 공급하면 피부의 고공을 막아 오히려 트러블을 일으킬 수 있다. 고가의 영양크림의 효과를 보지도 못하고 오히려 트러블만 일으키는 셈이다. 갑자기 트러블이 생기면 화장솜에 녹차 우려낸 차가운 물을 적셔서 10분 정도 올려놓아 보라. 소염, 진정 효과가 있다. 최근 시중에 각종 홈케어 제품들이 나와 있지만 대부분 화학 성분으로 자극을 더하는 경우가 많아 특정 제품을 권장하고 싶지는 않다. 평소 철저한 세안과 각질관리를 해주는 게 가장 확실한 트러블 대책이다.

피부 트러블을 해결하는 양방 시술

시술명 포인트 인젝션(Point Injection), 일명 염증 주사

방법 딱딱하고 농이 있을 경우 내원 시 병변 부위 소독 후 가볍게 짜냄과 동시에 염증 부위에 주사를 맞게 되는 방법.

효과 시술 후 빠르면 1~3일 정도 지나 염증 부위가 서서히 가라앉게 되고 동시에 범위가 줄어든다.

일상 복귀 기간 일상생활에는 거의 지장이 없지만 시술 후 하루 정도는 메이크업을 피해 피부에 최대한 스트레스를 주지 않는 것이 좋다.

가격 1회 비용은 대략 1만 원이며 시술 시간은 10분 이내이다.

도움주신 분_ 동원 미즈 한의원 장재식 원장님, 허쉬 클리닉 정영춘 원장님

피부 트러블 감쪽같이
커버하는 방법

개인적으로 트러블이 그다지 심한 편은 아니지만 살인적인 스케줄에 수면까지 부족한 상황이 오면 하나 둘, 뾰루지가 올라온다. 적당히 메이크업으로 커버하던 시절은 안타깝게도 끝이 났다. 솜털까지 선명하게 보이는 HD 텔레비전에 각종 인터넷 '연예인 직찍' 코너엔 잠시라도 방심할 수가 없기 때문이다. 연예계 생활 10년이 훌쩍 넘은 지금, 이제 초연해질 때도 됐지만 그렇지 않은 게 사실이다. 그래서 날이 가면 갈수록 나만의 피부 트러블 커버 노하우가 쌓여가고 있는지도 모른다.

Covering skin trouble

자연치유의 힘 가끔씩 생기는 피부 트러블은 시간이 지나면 스스로 가라앉는 편이라 최대한 자극하지 않고 피부 스스로 자연치유가 되도록 두는 편이다. 가벼운 뾰루지는 자꾸 손을 대면 더 악화되기 때문에 화장수를 이용해 진정시키는 정도로 관리한다.

티트리 오일 스케줄이 계속되는 상태에서 트러블이 생긴다면 티트리 오일과 같은 소염, 진정 효과가 있는 에센셜 오일을 면봉에 묻혀 하루 종일 수시로 덧바른다.

셀프 압출기&소독약 촬영 중 갑작스럽게 커다란 뾰루지가 생겼다 해도 촬영을 중단하고 병원에 갈 수는 없는 노릇이다. 그래서 촬영 중간 쉬는 시간에 의료용 바늘로 뾰루지를 가볍게 터뜨린 후 압출기로 지그시 누른다. 큰 데미지를 입지 않고도 볼록 솟아오른 뾰루지를 진정시킬 수 있다. 시술 전후에 반드시 소독할 것. 압출기는 정확한 노하우를 습득하고 관리해야 한다. 자신이 없다면 전문가의 시술을 권한다.

면봉 셀프압출기가 없는 경우, 가능한 함부로 짜지 말고 그대로 두었다 전문가의 치료를 받는 것이 현명하다. 하지만 급하게 짜내야 할 경우 손톱으로 꼬집듯 뜯어내면 흉터를 남길 수 있으니 절대 금지. 면봉 두 개로 양쪽에서 눌러주는 것이 위생적이다. 맑은 피가 나올 때까지 짜야 다시 곪지 않는다.

장운동&마죠랑 오일 소화가 잘 안 되고 위와 장이 불편하면 바로 얼굴에 나타난다. 뾰루지가 생기면 윗몸일으키기를 하거나 가벼운 장운동을 해서 소화 기능을 돕는다. 변비에 효과적인 에센셜 오일 마죠랑을 손수건에 한 방울 떨어뜨려 흡입해도 좋다.

아로마오일 스트레스로 인해 생기는 트러블은 반드시 스트레스를 풀어줘야 한다. 로즈, 라벤더, 클라리세이지 등의 아로마 오일을 첨가한 물에 목욕을 하면 스트레스가 해소된다.

쑥차 여성들의 냉증이나 피부 트러블, 알레르기에 효과가 있는 쑥은 민간요법에서 다양하게 쓰이는 약이다. 한 달에 한 번 주기적으로 찾아오는 트러블에 다 비해 미리 쑥차를 챙겨 마신다. 가끔 쑥 우려낸 물로 세안을 하기도 한다.

컨실러 피부 트러블을 커버하는 메이크업은 커버력이 좋은 컨실러를 사용하는 것. 피부톤보다 밝은 컨실러로 커버하면 오히려 트러블을 부각시키게 된다. 피부톤보다 어두운 톤의 컨실러로 커버하는 것이 요령. 컨실러는 문지르지 말고 두드리듯 발라주고 파우더로 덧바른 후 다시 한 번 컨실러로 커버하면 완벽한 커버 메이크업이 완성된다. 피부트러블로 얼굴에 붉은기가 돈다면 핑크나 레드컬러의 색조제품은 피한다. 블루나 그린 등 시원한 계통의 컬러를 선택하고 볼터치나 진한 컬러의 립스틱은 피한다.

피부 트러블 예방,
화장품 유통기한 체크하기

고이고이 아껴 바르려고 모셔두었던 2년 지난 영양크림. 어느 날 열어보니 내용물이 이중으로 분리되어 있다. 기름이 둥둥 떠 있는 크림을 부여잡고 너 왜 이렇게 됐냐며 대성통곡이라도 하고 싶다. 스파츌러로 휘휘 저어 은근슬쩍 얼굴에 바르고 난 다음날. 크림 한 통 값보다 더 비싼 병원 치료비를 지불해야 하는 기분. 경험해본 적 있는가?

개봉한 화장품의 **유통기한**

스킨 / 로션
침전물이 생기고 물과 오일이 분리되면
변질된 것.
유효기간 _ 1년~1년 5개월

마스카라 / 아이라이너
고약한 냄새가 나고 굳어져 뭉치면
변질된 것.
유효기간 _ 6개월

Cosmetics expiration date

크림 / 에센스
제품이 뻑뻑하게 굳거나 층이 분리되면 변질된 것.
유효기간 _ 8개월~1년

클렌징류
침전물이 생기고 오일과 분리되면 변질된 것.
튜브 타입의 경우 짜면 오일이 먼저 나온다.
유효기간 _ 1년~1년 6개월

마스크 / 팩류
짜낼 때 물이 섞여 나오거나 내용물이 분리되면 변질된 것.
유효기간 _ 1년~1년 5개월

자외선 차단제
내용물이 분리되면 변질된 것. 짜낼 때 오일 성분이 섞여 나온다.
유효기간 _ 6개월~1년

메이크업베이스 / 파운데이션
곰팡이가 피거나 내용물이 분리되면 변질된 것.
유효기간 _ 6개월~1년 5개월

파우더 / 팩트
특별한 충격이 없이도 내용물이
잘 부서지거나 퍼프에 잘 묻지 않으면
변질된 것.
유효기간 _ 2년

아이섀도
발색력이 약해지고 섀도 팁에 색상이
잘 묻지 않으면 변질된 것.
유효기간 _ 1년 6개월

립스틱 / 립글로스
색상에 변화가 생기거나 립글로스의
경우 오일과 분리되면 변질된 것.
유효기간 _ 1년 6개월

피부
트러블
홈 케어

갑자기 생긴 피부 트러블. 마땅히 사용할 약도 스폿 제품도 없다면 집에서 간단하게 만들 수 있는 홈 케어 제품을 사용하면 된다. 미리 만들어 보관해도 좋고 즉석에서 만들어도 좋다. 초간단 피부 트러블 홈 케어 제품을 공개한다. 단, 민간요법은 어디까지나 민간요법일 뿐. 너무 맹신해서는 안 되고 피부 타입에 따라 적절하게 선택해야 한다.

쌀뜨물 팩 쌀을 씻은 후 물을 받아 2~3시간 놓아두면 하얗게 앙금이 생긴다. 윗물을 조심스럽게 따라내고 앙금에 레몬즙과 밀가루를 넣어 팩을 하면 된다. 피부가 아무런 자극 없이 촉촉하고 부드러워진다. 얼굴에 뽀루지가 났을 때는 미지근한 쌀뜨물에 죽염을 약간 풀어 헹궈주면 감쪽같이 가라앉는다.

느릅나무 토너 천연 클렌징 워터로도 손색없는 느릅나무 토너. 만들어 놓고 냉장고에 보관하면 모공 수축에도 도움이 된다. 만드는 방법도 초간편. 그냥 팔팔 끓는 물에 느릅나무 껍질을 넣고 우려내기만 하면 된다. 아침, 저녁 깨끗이 세안한 다음 화장솜에 덜어 피부 안쪽에서 바깥쪽으로 닦아주면 상쾌한 느낌이 든다. 피부 진정 효과가 있어 여드름이나 뽀루지 짠 후에도 OK.

녹두가루 녹두를 곱게 갈아서 그 가루로 세안을 하면 안색이 환해지고 각질이 제거되어 피부 트러블을 예방할 수 있다. 일주일에 한 번 정도는 녹두가루를 플레인요거트에 섞어 팩을 해도 좋다. 얼굴에 골고루 펴 바르고 15분 정도 후에 미온수로 씻어내면 부드럽게 각질이 제거되고 피부도 안정되는 느낌이다.

쑥가루 죽염 스크럽 죽염과 쑥을 말려 가루를 낸 쑥가루를 5:5 비율로 섞은 후 용기에 담아 보관한다. 세안할 때나 목욕할 때 마사지하듯 사용한다. 2~3분이 지난 후 어느 정도 굳으면 미지근한 물로 부드럽게 씻어준다. 피지가 쏙 빠지면서 피부가 매끄러워진다. 여드름이 많은 피부나 지성피부의 피지 조절에 효과적이다.

채소 데친 물 채소를 데치는 요리를 할 때 데치고 남은 물은 좋은 세안제다. 빈 용기에 채소 데친 물을 담아 냉장보관하면 된다. 세안을 하고 마지막 헹굼물로 사용하면 피부가 부드럽고 탱탱해진다. 특히 시금치 데친 물은 뽀루지에 효과적이다.

토마토 팩 토마토는 피지 조절의 대가다. 트러블이 자주 일어나는 피부와 지성피부에 꼭 필요한 뷰티아이템. 토마토의 과일산은 각질, 블랙헤드 제거에도 효과적이다. 덖어서 흡수시키는 것도 좋지만 강판에 갈아 꿀과 섞어 팩을 하면 효과가 좋다.

Lovely Skin 4
Moisturizing

수분을 잃은 피부는 건조함을 호소하고 건조함은
곧 노화로 직결된다. 하루 종일 촉촉함을 지켜줄 보습 케어.
따지고 보면 그리 어려운 일도 아니다.
생활 속에서 소소한 것들만 신경 쓰고,
그게 습관이 된다면 피부는 마를 틈이 없지 않을까.

스케줄이 없는 날 친구와 청담 사거리 카페에 앉아 차를 마신다. 한참 수다에 열을 올리고 있을 즈음 또각또각 바닥에 점을 찍는 마놀로블라닉 슈즈가 눈에 들어온다. 타이트한 다이안 본 퍼스텐버그 H라인 스커트에 이번 시즌 점찍어 놓은 지미 추 클러치. 얼굴을 반이나 가리는 빅 프레임 선글라스까지. 그녀의 스타일링은 10점 만점에 100점이다. 패션브랜드 론칭 행사장에 한껏 꾸미고 나타난 연예인보다 더 간지 나는 스타일의 주인공은 20대 중후반? 30대 초중반? 나이를 도무지 가늠할 수 없다.

그러나 요즘 유행하는 말처럼 '엣지' 있는 그녀의 얼굴로 시선이 옮겨지자 내 미간은 확~ 구겨진다. 한순간에 '저 마놀로 가품인가? 지미 추 저게 벌써 카피가 나왔나?' 하는 생각이 머릿속을 온통 휘젓는다.

사막 같은 피부에서 탈출하라

사실 그녀의 스타일링은 아무런 문제가 없다. 그게 진품이든 가품이든 완벽에 가깝다. 하지만 그녀의 생기 없고 거칠고 피곤에 찌든 피부. 걸어다니면 파우더 가루가 여기저기 흩어질 것만 같은 메마른 피부. 그게 문제였다.

굳이 명품으로 화려하게 치장하지 않아도 고급스럽고 촉촉하게 빛나는 피부를 가졌다면 충분히 아름다울 수 있다. '저렇게 꾸밀 거 피부에 좀 양보하시지.' 하는 생각과 함께 그녀의 에스프레소 커피 잔을 거두고 글라스에 물 한 잔 가득 따라주고 싶다. 그리고 조용히 말해주고 싶다.

"물. 좀. 드. 세. 요!"

Moisturizing
24 hour Plan

24시간 촉촉해지는 보습 스케줄

"하루에 8잔 이상의 물!"
어디에 끼워 넣어도 좋은 뷰티 노하우다. 그만큼 아름다움에 있어
수분은 최상의 조건이자 가장 기본적인 조건이다. 피부에 있어서도
마찬가지다. 수분을 잃은 피부는 건조함을 호소하고 건조함은 곧
노화로 직결된다. 하루 종일 촉촉함을 지켜줄 보습 케어. 따지고 보
면 그리 어려운 일도 아니다. 생활 속에서 소소한 것들만 신경 쓰
고, 그게 습관이 된다면 피부는 마를 틈이 없지 않을까. 커피 대신
물을 마시고, 수분 크림을 꼼꼼히 바르고, 수시로 수분만 보충해준
다면 피부는 촉촉하게 반응할 것이다. 자. 오늘부터 당장 실행에 옮
겨보자.

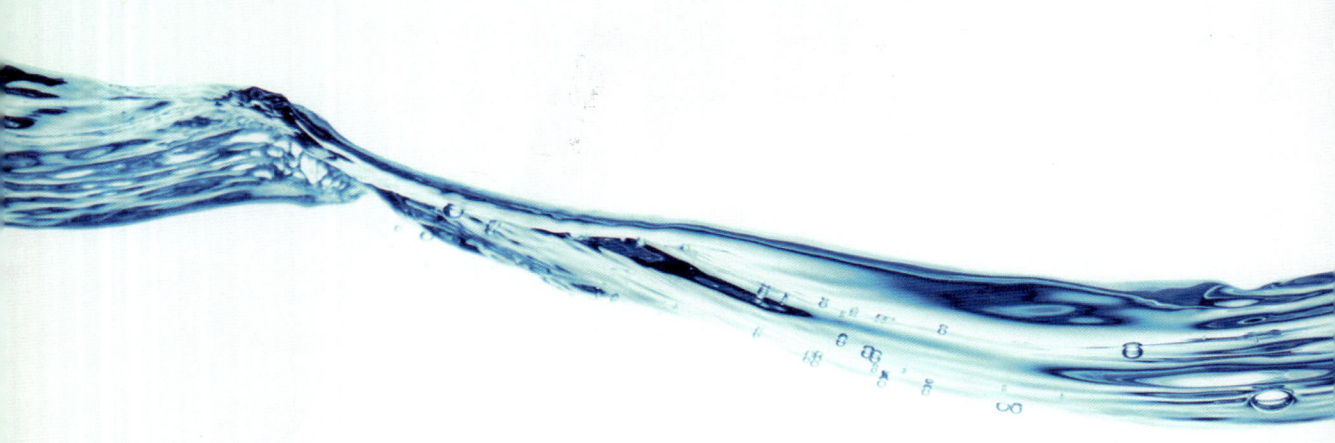

AM 7:00 메이크업 전, 보습은 필수

하루 종일 촉촉한 피부로 살아남기 위해 기초를 다지는 시간. 아무리 무시무시한 스케줄에 치여도 아침시간 스킨케어에 절대 소홀해서는 안 된다. 귀찮아도 클렌징은 저녁에 확실히 끝내고 아침에는 물 세안만 가볍게 하자. 메이크업 전에 촉촉한 수분 에센스나 크림을 발라주는 것은 기본이다. 아무리 미다스의 손을 가진 이들에게 메이크업을 받는다고 해도 기본적인 관리는 스스로 하는 게 가장 확실하다. 아침 스킨케어에 충실하도록.

AM 8:00 외출 30분 전, 자외선 차단제

자외선은 피부에 잡티를 남기기도 하지만 피부 수분을 20퍼센트까지 빼앗아가는 주범이다. 메이크업을 하지 않더라도 자외선 차단제만큼은 꼭 챙겨 바르는 센스! 최소한 외출하기 20분 전에는 자외선 차단제를 발라야 쏟아지는 자외선에 대비할 수 있다. 가지고 다니면서 수시로 덧바르는 것도 잊지 말 것.

PM 1:30 점심식사 후, 커피 대신 미네랄 워터

식사 후 커피 대신 미네랄 워터를 마실 것. 수분을 공급해주는 한 잔의 물은 피부에 보약과도 같다. 건조한 실내에서는 1시간에 한 잔의 물을 마시는 게 좋다. 카페인이 함유된 커피는 이뇨작용으로 인해 체내의 수분을 빼앗는다. 맘 놓고 마시던 녹차나 옥수수 수염차도 마찬가지. 차를 마실 때는 물과 함께 마셔 이뇨작용에 대비해야 된다는 사실, 이젠 기본이다.

PM 3:00 건조한 장소에선 수시로 수분 공급

가능하다면 가습기를 틀어 실내 습도를 조절하는 게 좋다. 환기가 잘 이루어지지 않고 냉난방을 계속 하는 경우라면 피부에 최악의 조건이다. 실내의 건조함이 극에 달하는 오후 3시에는 유수

분 밸런스를 조절하는 미스트를 수시로 뿌려 충분한 수분을 공급하자. 미스트를 뿌린 후 그대로 방치하면 더욱 건조해질 수 있으니 깨끗한 손이나 퍼프로 꼭 흡수시킨다.

PM 6:30 수분 보충과 함께 수정 메이크업

이 시간쯤 되면 몸도 지치고 피부도 지치기 마련. 메이크업과 피지가 범벅되어 얼굴에 다크닝 현상이 생길 수 있다. 오일 페이퍼나 부드러운 티슈로 유분을 잡아주고 미스트를 뿌려 수분을 보충한다. 그리고 촉촉해진 피부에 수정 메이크업을 한다. 건조한 파우더 타입의 팩트보다 수분 감이 있는 크림 타입의 팩트를 사용하면 들뜨지 않고 산뜻하게 수정이 가능하다.

PM 9:00 꼼꼼한 세안

집에 돌아오면 가장 먼저 해야 할 일은 클렌징. 지친 피부를 진정시키는 일도, 깔끔한 피부를 만드는 일도 모두 클렌징의 몫이다. 미세 먼지들이 닿은 피부와 옷을 꼼꼼하게 클렌징할 것. 매일 깨끗한 옷을 입어야 피부에도 좋다는 사실. 미세먼지로 오염된 옷이 피부에 닿으면 아토피, 피부염증 등을 더욱 악화시킬 수 있고 피부 트러블도 유발할 수 있다.

PM 11:00 수분 팩으로 피부 휴식

연예인들도 시간을 내서 피부 관리를 받기란 쉽지 않다. 하지만 진정한 피부미인이 되기 위해서라면 피부에 투자하는 시간을 아끼지 말아야 한다. 잠자리에 들기 전 수분 팩 정도는 필수. 만약 팩을 하면서 잠드는 타입이라면 그대로 바르고 자도 되는 수면 팩을 사용해도 좋다. 귀차니스트들에겐 보석 같은 아이템이다.

How to Scrub

피부 타입별 각질 제거법

절대 반갑지 않은 피부 트러블이 허술한 모공 관리에서 비롯된다면 거칠거칠 사막 같은 피부는 허술한 각질 관리에서 시작된다. 두껍게 쌓인 각질 위에 고가의 수분 크림과 영양 크림을 바르는 것만큼 답답한 일이 또 있을까. 제발 각질부터 제거해라. 각질을 제거해야 피부 속까지 그 귀한 영양성분들이 고이고이 전해질 테니까. 건조한 피부, 절대 피부 타입을 탓하지 마라. 피부 타입은 언제고 변할 수 있다.

건성피부 건성피부는 다소 민감하기 때문에 자극이 강하지 않은 스크럽 제품을 선택하는 것이 관건. AHA 성분이 함유된 에센스나 토너, 팩 제품을 이용하면 자극 없이 얼마든지 각질 제거가 가능하다. AHA 성분 제품과 비슷한 효과를 얻을 수 있는 방법은 상한 우유에 물을 풀어 세안하는 방법이다. 오래된 각질을 AHA의 한 종류인 젖산이 자극 없이 제거해준다. 각질 제거를 한 상태에서 수딩 팩을 해 피부에 휴식과 수분을 공급하는 것이 중요하다.

중성피부 각질에 의한 트러블이 비교적 적은 축복받은 피부. 부드러운 스크럽 알갱이가 들어간 세안제나 각질 제거 효능이 있는 토너와 에센스를 이용해 일상에서 각질 관리를 하면 좋다. 일주일에 한 번쯤 딥클렌징으로 모공을 관리하고 일상에서 자극 없이 각질을 제거하는 것이 핵심.

지성피부 여드름이 자주 발생하는 지성피부는 BHA 성분이 함유된 각질 제거제를 선택하는 것이 좋다. 피지의 과다 분비로 피부가 지저분해 보이고 각질이 두껍게 쌓이는 지성피부는 각질과 피지를 동시에 케어해야 한다. BHA 성분은 지용성이라서 각질과 피지를 동시에 제거할 수 있다. 우선 스팀 타월을 준비한다. 피부를 촉촉하고 따뜻하게 하면서 모공을 활짝 열어준다. T존 부위는 필링젤을 사용하고 다른 부분은 크림 타입의 스크럽 제품을 사용하면 된다. 주 2~3회 부드럽게 각질을 정리하는 것이 좋다.

민감성 피부 외부 자극에 대한 저항력이 약하고 환경이나 화학적 반응에 민감하다. 저자극성 무알코올이면서 진정 효과와 보습이 뛰어난 제품을 선택해 피부를 관리하는 것이 효과적이다. 세안이나 스킨케어를 할 때도 자극을 최소화하도록 신경 쓰고 피부에 맞는 화장품이 있다면 자주 바꾸지 않는 것이 좋다. 민감성 피부는 시중에 판매하는 제품으로 각질을 제거하면 피부에 트러블을 일으킬 수 있으므로 주의해야 한다. 쌀뜨물로 헹궈내는 것도 방법이다

부위별 효과적인 각질 제거 방법

볼
코 옆쪽에서부터 원을 그리며 바깥쪽으로 살살 밀어내는 느낌으로 문지른다. 손바닥을 사용하지 말고 중지와 약지를 사용해 세심하고 부드럽게 할 것.

이마
미간에서 시작해서 바깥쪽으로 원을 그린다. 헤어라인 부분에 밀린 각질이 남아 있지 않도록 세심하게 헹궈야 트러블이 생기지 않는다. 이마에서 흘러내린 스크럽 제품이 눈에 들어가면 눈에 상처가 날 수 있으니 주의해야 한다.

턱
피지가 많이 모이는 부분. 턱 아래에서 입술 쪽으로 원을 그리면서 문지른다. 입술을 살짝 물면 턱이 당겨지면서 우둘투둘한 피지가 드러난다. 모두 없애버리겠다고 벅벅 문지르지 말 것.

장소에 따른 수분충전 노하우

언제 어디서나 수분제품을 챙겨 바르는 것은 누구나 할 수 있는 기본. 이동 중인 차 안에서, 여행지에서, 기내에서 장소와 상황에 따라 수분을 공급하는 노하우 한 가지 정도는 알고 있어야 진정한 피부미인의 자세 아닐까. 그다지 대단한 노하우는 아니지만 의외로 무방비로 수분을 빼앗길 수 있는 상황에서 요긴하게 사용할 수 있는 방법들. 알아두면 촉촉한 피부를 유지하는 데 도움을 받을 수 있다.

Moisturizing knowh

기내에서

기내의 온도는 대부분 20~22도, 습도는 15퍼센트 내외다. 피부에 가장 안정적인 습도는 30~40퍼센트이기 때문에 기내는 매우 건조한 편이다. 더구나 지속적인 냉난방으로 인해 우리가 느끼지 못하는 사이 피부는 급격하게 수분을 잃는다. 짧게는 서너 시간, 길게는 열 시간 넘게 이동해야 하는 기내에서 수분 공급은 절대적으로 사수해야 하는 필수조건이다. 파파라치 카메라에 담긴 연예인들의 공항 메이크업을 본 적이 있는가? 10명중 7~8명은 노메이크업인 경우가 많다. 역시 자신의 피부를 지킬 줄 아는 달인의 자세다. 기내에서는 피부가 스트레스를 받지 않도록 가능한 노메이크업 상태를 유지하는 것이 최선이다. 기내 반입이 가능한 용량의 미스트나 세럼, 혹은 마스크 시트 한 장으로 촉촉한 피부를 지켜주는 것은 보너스!

차 안에서

무더운 여름, 주차해 놓은 차 안의 온도는 60~70도 이상 오르기도 한다. 차에 오르기가 무섭게 에어컨을 최대로 틀고 바로 출발하는 당신에게 5분의 여유를 권한다. 시동을 걸고 에어컨을 틀고 밖에서 차 안의 온도가 낮아지기를 기다려라. 달아 오른 차 내부의 열기를 가라앉히고 출발하는 것이 피부 수분을 줄이기 위한 최선책. 밀폐된 공간, 그것도 좁은 차 안에서 에어컨을 과도하게 틀면 수분부족으로 이어질 수밖에 없다. 차로 장시간 이동해야 한다면 고보습 수분 크림으로 미리미리 대비해야 한다. 에어컨은 가능한 틀지 않는 것이 좋지만 꼭 틀어야 한다면 바람의 방향을 조절해 얼굴에 직접 쏘이지 말고 창으로 향하게 틀어 차창의 온도를 낮추는 것이 현명하다. 추운 겨울에도 마찬가지다. 히터 역시 피부건조를 일으키는 최대의 적이다.

여행지에서

여행을 하다 보면 체력 소모가 커지고 신체 활동이 늘면서 체내 수분도 급격하게 떨어진다. 여행지에서 미네랄 워터나 이온음료 등 체내 수분을 보충할 제품은 필수다. 목이 마를 때마다 수분을 보충하는 것보다 목이 마르기 전 미리미리 수분을 공급해라. 자외선이 기승을 부리는 여름철이나 따뜻한 지방으로 여행할 경우 자외선에 의해 피부 수분이 부족해질 수 있다. 피부 온도가 높아지면 과도한 피지가 분비되고 모공 역시 넓어질 수 있다. 모공이 넓어지면 트러블로 이어지는 건 당연한 일. 피부 노폐물을 깨끗이 제거하고 산뜻한 질감의 젤 타입 보습제로 피부 탈수를 완화시켜줄 것.

실내에서

냉난방이 지속적으로 이루어지는 실내에서 피부 수분을 지키기란 여간 어려운 일이 아니다. 그렇다고 "피부가 건조해지니 냉난방을 당장 중단하세욧!!" 하고 목소리를 높였다간 한순간에 '돌+아이' 가 될 수 있다. 아무도 모르게, 혼자서, 조용히, 수분을 지킬 방법을 모색해야 한다. 지속적인 냉난방은 피부 산성막의 균형을 깨뜨린다 이 상태가 되면 피부는 속부터 바싹 말라간다. 아무리 미스트를 뿌려도 계속 건조함이 느껴진다면 피부 속 수분을 채우는 일이 급선무. 1.5리터 이상의 물을 섭취하고 유수분 밸런스를 조절해줄 수 있는 농축액 타입의 세럼을 선택하는 것이 좋다. 천연 보습제인 우유를 화장솜에 적셔 간편 마스크를 해주는 것도 수분과 유분을 동시에 공급할 수 있는 응급 처방이다.

건조한 피부 증상별 완벽 솔루션

간질간질하고 푸석거리고 화끈거리는 증상. 환절기마다 건조한 피부를 가진 이들이 느끼는 공통된 괴로움이다. 심각한 피부 건조는 노화로 직결된다. 수분을 잃은 과일 껍질이 말라가는 과정을 생각하면 이해가 쉽다. 건조한 실내에 오랜 시간 방치한 오렌지 껍질은 수분을 잃고 쪼글쪼글 모양이 흉해진다. 건조한 피부에 아무런 대책도 마련하지 않는다면 당신 역시 "말라 비틀어진 오렌지 껍질처럼 되진 않을 거야."라고 장담할 수 없다.

1. 얼굴이 전체적으로 당기고 눈가에 주름이 늘었다.

여름 내내 피지와 전쟁을 벌이고 가을이 돌아오면 건조함과 또다시 전쟁을 치러야 한다. 아침 세안을 마치고 제일 처음 드는 느낌이 '상쾌하다.' 보다 '아~, 당긴다.' 라면 유수분 밸런스를 조절해줄 제품을 찾아야 한다. 산뜻한 질감의 젤 타입 수분크림보다는 유분감이 느껴지는 리치한 텍스처의 제품을 선택할 것.

2. 기초 손질을 아무리 해도 화장이 들뜬다.

메이크업을 할 때 쫀득한 느낌이 전혀 없고 크림은 크림대로 겉돌고 파운데이션은 버석버석 들뜨는 느낌을 받는다면 각질이 화근. 매끄럽지 못한 메이크업은 없어 보이는 인상을 만드는 일등공신이다. 알갱이가 굵고 거친 제품은 건조한 피부에 미세한 스크래치를 남겨 피부를 더욱 거칠게 한다. 스팀 타월 마사지로 온찜질해 각질을 제거하면 피부자극을 최소화할 수 있다.

3. 입술이 마르고 찢어져 매일 피가 난다.

비릿한 피 냄새가 입 안 가득 퍼지는 계절. 조금이라도 크게 웃을라치면 어김없이 '툭!' 터지고 마는 입술. 게다가 각질까지 덕지덕지 일어난 입술은 그야말로 처치곤란. 입술의 각질은 스팀타월로 불려 살살 벗겨낼 수 있다. 영양 크림을 입술에 듬뿍 바른 뒤 랩으로 5분 정도 덮어두면 촉촉한 입술을 만들 수 있다. 마땅한 보습제품이 없다면 꿀을 이용해도 좋다.

4. 종아리가 트고 갈라진다.

환절기만 되면 스타킹 신기 두려워지는 사람들이 많을 것이다. 하얗게 떨어지는 각질은 기본, 스파크가 일어나는 것처럼 따끔거리면서 심하게 가렵고 집에 와서 스타킹을 벗어보면 어찌나 긁어댔는지 손톱자국이 그대로 남아 있다. 그야말로 가관이다. 건조한 다리의 응급 처방은 각질 제거와 보습. 스팀 타월로 부드럽게 각질을 녹여주고 곱게 간 콩가루와 보디오일을 섞어 팩을 해보자. 콩가루에 함유된 식물성 오일성분과 보디오일이 몰라보게 촉촉한 다리를 선사할 것이다.

Moisturizing solutions

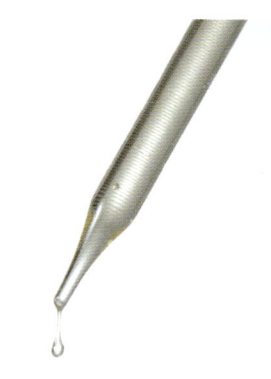

오일만 섞어도
최강 보습제로 업그레이드

모이스처라이저에 거부감을 보이는 이들이 의외로 많은 것 같다. 두껍게 발리는 질감, 걱정되는 피지, 유난히 번들거리는 T존, 부담스러운 영양 공급 등 이유도 가지가지다. 때문에 산뜻한 질감의 스킨, 에센스에만 자꾸 손이 간다. 모이스처라이저, 그냥 생략해도 될까? 아니면 하나쯤 장만해서 오래오래 두고 쓰는 것이 좋을까? 양자택일의 기로에서 후자는 절대 반대다! 천년만년 쓸 모이스처라이저에 돈들일 생각이라면 지금 당장 그 생각을 접어라. 기존에 사용하는 제품에 오일만 섞어도 최강의 보습제가 탄생한다.

최강 보습제 **레시피**

파운데이션 +페이스오일

건조한 피부에 파운데이션을 바르면 자칫 주름이 더욱 선명하게 도드라질 수 있다. 이때 파운데이션에 페이스 오일 2~3방울을 섞어 발라볼 것. 화장이 들뜨지 않고 피부가 오래오래 촉촉함을 유지한다. 지성피부라면 T존 부위는 오일 대신 에센스와 혼합해 바를 것.

로션 or 에센스 + 오메가3 캡슐

로션이나 에센스만 사용한다면 모이스처라이저어 2퍼센트 부족함을 느낄 수 있다. 이럴 땐 제때 챙겨먹지 않아 찬밥 신세가 된 오메가3 캡슐을 이용할 것. 캡슐 끝부분을 조금만 잘라 캡슐 안의 오일을 로션이나 에센스와 혼합하면 된다. 비릿한 냄새가 흠이지만 효과만큼은 최강이다.

각질 제거제 +보디오일

민감한 피부는 각질 제거에도 주의해야 한다. 피부에 자극 없이 부드럽고 촉촉하게 각질을 제거할 수 있는 방법이 없을까? 각질 제거제와 보디오일을 혼합하면 된다. 흑설탕과 오일을 1:1로 섞으면 홈메이드 각질 제거제를 만들 수 있다. 매그럽고 촉촉한 피부를 경험할 수 있을 것이다.

시트 마스크 + 페이스오일

세안 후 스킨으로 피부결을 정리하고 화장솜에 페이스오일을 묻혀 얇고 고르게 펴바른다. 오일이 촉촉하게 스며들도록 부드럽게 마사지하고 보습력이 뛰어난 시트 마스크를 붙여준다. 페이스 오일을 바르고 시트 마스크를 붙이면 놀라운 효과를 얻을 수 있다.

핸드크림, 풋크림 + 보디오일

핸드크림이나 풋크림에 보디오일 2방울 정도를 섞어 바르고 부드럽게 마사지한다. 촉촉하게 스며들면 랩을 씌워 그대로 방치한다. 발바닥의 거친 각질도 말랑말랑 부드럽게 제거할 수 있고 촉촉함은 이루 말할 수 없다.

보디로션 +포도씨 오일

악건성 피부를 가진 이들은 샤워를 하고 보디로션을 발라도 금방 건조함을 느낀다. 하얗게 각질이 일어나고 심한 경우 가려움까지 호소한다. 샤워를 하고 물기가 있는 상태에서 보디로션과 포도씨 오일을 섞어 바르면 세상에 하나밖에 없는 러블리 보디오일이 탄생한다.

Recipes for moisturizers

촉촉한 피부를 위한
완소 아이템

스타들의 촉촉한 피부가 모두 에스테틱이나 피부과의 관리로 완성된다
는 생각을 버려라. 물광 피부로 모든 이들의 부러움을 사는 그녀들에겐
모두 저마다 소중하게 여기는 뷰티 아이템이 존재한다. 이미 알고 있는
아이템일 수도 있지만 효과만큼은 누구도 부정할 수 없는 '잇 모이스처
라이저'. 보습의 최강 아이템만을 공개한다.

미네랄 워터 일반적인 물 입자 크기에 비해 1/3정도 작은 구조를 가지고 있어 체내 흡수가 빠른 시에나 디자인 워터. 나의 완소 뷰티 아이템이다. pH 9.8의 알칼리 워터로 독특한 향이 특징이다. 하루 3병 시에나 워터를 수시로 마신다. 마시고 나면 화장실을 자주 가게 되는데 체내 노폐물을 빠르게 배출하기 때문이라고 한다. 물의 가격은 다소 비싼 편이다. 하지만 테이크아웃 커피 한 잔 값에 건강을 얻을 수 있으니 정말 고마운 아이다.

멀티밤 호호바 오일을 소량 섞어 얼굴에 마사지 하면 핸들링이 부드러워 자극 없이 촉촉해진다. 손에 적당량을 덜어 비벼 녹인 다음 필요한 부위에 흡수시키면서 바른다. 지성피부의 경우 데이 케어보다는 나이트 케어를 추천한다. 중성피 부나 복합성피부는 T존을 제외한 U존에 바른다.

오메가3 캡슐 오메가3 지방산은 체내에서 합성이 되지 않기 때문에 등푸른 생선이나 식물류를 섭취해서 얻을 수 있다. 두뇌활동을 돕고 심장 혈관 질환, 염증 질환에 도움이 된다. 혈액을 매끄럽게 해 순환을 돕고 안색이 맑아지는 효과도 볼 수 있다. 알레르기 증상을 완화하는 효과도 있다. 지독한 꽃가루 알레르기나 금속 알레르기로 고생하는 이들도 어느 정도 도움이 된다. 또 오메가3 지방산 캡슐의 내용물을 피부에 바르고 마사지하면 즉각 촉촉함을 느낄 수 있다. 단, 비릿한 냄새가 심하기 때문에 충분히 흡수시키고 세안하는 것이 좋다.

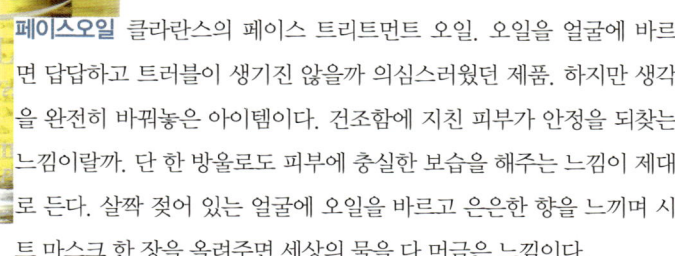

페이스오일 클라란스의 페이스 트리트먼트 오일. 오일을 얼굴에 바르면 답답하고 트러블이 생기진 않을까 의심스러웠던 제품. 하지만 생각을 완전히 바꿔놓은 아이템이다. 건조함에 지친 피부가 안정을 되찾는 느낌이랄까. 단 한 방울로도 피부에 충실한 보습을 해주는 느낌이 제대로 든다. 살짝 젖어 있는 얼굴에 오일을 바르고 은은한 향을 느끼며 시트 마스크 한 장을 올려주면 세상의 물을 다 머금은 느낌이다.

히알우론산 히알우론산은 보습제의 주요 성분으로 잘 알려져 있다. 분자 하나당 자신의 분자량보다 무려 천 배의 수분을 머금고 있다고 해 보습력이 매우 탁월한 것으로 유명하다. 우리 피부에도 이 기특한 히알우론산이 있다. 하지만 안타깝게도 나이가 들수록 점점 줄어든다. 그래서 수분을 보충할 수 있는 히알우론산을 건강식품으로 꾸준히 섭취하고 있다.

노니 열대 식물의 열매인 노니. 노니는 최근 건강보조식품으로 주목을 끌고 있다. 평소 몸에 좋다는 건 일단 먹어 보는 스타일이라 노니 역시 아무런 거부감 없이 먹게 되었다. 염증, 피부병, 변비, 생리통, 항암치료 등에 널리 쓰인다고 알려져 있지만 사실 이런 효과는 아직 특별히 느끼지 못하고 있다. 하지만 피부에 활력이 넘치고 에너지가 느껴지는 것만은 절대 부정할 수 없다. 단, 맛을 기대하지는 말 것.

아몬드 섬유소와 리보플라빈, 마그네슘, 철분, 자연 항산화제인 비타민 E가 풍부한 식품. 하루 5개의 아몬드면 어깨 결림이 완전 해소된다고 해서 섭취하기 시작했다. 아몬드는 피지 조절 기능이 있어 으깬 뒤 꿀과 섞어 부드럽게 마사지하면 피지가 제거되고 보습에도 탁월한 효과가 있다. 일주일에 한두 번 아몬드 팩을 하면 피부가 탄력을 되찾는다.

모이스처라이징에 대한 궁금증 해결

모이스처라이징에 관한 궁금증은 끊임없다. 피부가 지성인 경우, 민감한 피부의 경우, 악건성의 경우 등 문제가 있는 피부를 가진 이들이라면 더욱 그렇다. 아무리 좋은 모이스처라이저를 가지고 있다 해도 어떻게 사용해야 좋을지, 정말 좋은 제품인지, 그냥 바르기만 하면 되는 건지, 나에게 맞는 선택인지 몰라 늘 고민에 빠진다. 쉬운 것 같으면서도 은근 까다로운 모이스처라이징. 덕지덕지 바르는 게 능사가 아니다. 모이스처라이징에 관한 해답을 전문가에게 들어보자.

All about moisturizing

Q 모이스처라이저는 왜 데이용과 나이트용이 구분되어 있나요? 꼭 분류해서 사용해야 할까요?

A 여러 뷰티 브랜드의 모이스처라이저는 낮과 밤에 사용하는 제품으로 구분되어 있습니다. 사실 구성성분을 확인해보면 낮, 밤의 차이는 그다지 크지 않습니다. 피부가 특별히 낮에 수분이 더 필요한 것도, 밤에 더 필요한 것도 아니랍니다. 피부에게 수분은 24시간 충실하게 공급되어야 하니까요. 단, SPF 지수가 포함된 모이스처라이저는 낮에 사용하는 편이 좋습니다. 낮에 활동하면서 자외선 차단은 기본이니까요.

Q 모이스처라이저를 바르면 T존 부위가 유난히 번들거려 바르기가 꺼려져요. 하지만 모이스처라이저를 바르지 않고 메이크업을 하면 피부가 건조해질 것 같은데 그러면 노화가 가속화되지 않을까요?

A 수많은 여성들이 모이스처라이저나 기초 케어를 충실히 하지 않은 상태에서 메이크업을 하는 것을 죄악에 가깝다고 생각합니다. 물론 탄탄한 기초공사를 해야 튼튼한 건물이 지어질 수 있죠. 그런 의미에서 기초 케어는 늘 신경 써야 하지만 소홀했다는 이유로 죄책감을 갖진 마세요. 최근 출시된 제품들은 모이스처라이저와 비슷한 성분에 색료를 첨가하는 방식으로 피부에 충분히 수분을 공급할 수 있는 좋은 아이템이 많으니까요. T존 부위가 유난히 번들거리면 T존을 제외하고 바르는 것도 좋습니다. 얼굴 전체에 모이스처라이저를 듬뿍 바를 필요는 없습니다. 수분이 부족하고 당기는 부분에 적절하게 발라주면 되니까요.

Q 모이스처라이저가 두껍게 발려 답답한 느낌이 드는데 가사지나 팩을 하고도 모이스처라이저를 따로 발라야 하나요?

A 마른 후 떼어내는 타입의 팩은 마르는 과정에서 피부의 수분이 날아가 건조해지기 쉽습니다. 떼어내는 팩을 했다면 모이스처라이저를 발라 수분을 공급해주는 것이 팩의 효과를 높이는 방법입니다. 물로 씻어내는 타입의 팩도 마찬가지입니다. 토너로 피부결을 정리하고 모이스처라이저를 발라야 시너지 효과를 얻을 수 있습니다. 하지만 팩을 한 후 건조함이 느껴지지 않는다면 굳이 모이스처라이저를 발라야 할 필요는 없습니다. 물을 많이 마셔 체내 수분을 높이는 방법으로도 충분합니다.

Q 선물 받은 모이스처라이저를 사용하고 있는데, 연령다 가 조금 높은 브랜드이다 보니 사용이 꺼려집니다. 그냥 사용해도 괜찮을까요?

A 모이스처라이저는 특별히 나이 구분이 없습니다. 20대의 모이스처라이저, 40대의 모이스처라이저가 정해져 있지 않으니까요. 피부 상태에 따라 바르는 방법이 달라질 뿐 수분을 공급해주는 것은 좋은 일입니다. 단, 연령대가 높은 브랜드의 제품은 유분 함량이 비교적 많기 때문에 지성피부의 경우 적합하지 않을 수 있답니다. 지성피부가 아니라면 노화방지 기능까지 갖춘 모이스처라이저는 좋은 아이템입니다. 노화가 일어나기 전부터 노화에 대비하는 것은 매우 현명한 일이죠.

피부를 촉촉하게 만드는 천연 각질 제거제

자연주의, 오가닉, 천연 등등. 그 열풍이 불어온 지 수년이 흘렀다. 하지만 아직까지도 천연재료에 대한 열기는 식을 줄 모른다. 손수 비누를 만들어 쓰고 심지어 향수나 화장품까지도 천연재료를 이용해 DIY를 즐긴다. 소금, 곡류, 설탕 등의 재료를 이용한 천연 각질 제거제는 어디서든 쉽게 구할 수 있는 재료라는 장점과 피부에 자극을 줄일 수 있다는 점 때문에 끊임없는 사랑과 관심을 받고 있다.

콩가루 스크럽 콩가루에 함유된 식물성 오일 성분은 피부에 스며들어 촉촉한 보습 효과를 준다. 깨끗이 세안한 후 콩가루를 덜어 미지근한 물과 함께 개어 얼굴에 가볍게 문지른다. 미지근한 물로 콩가루를 씻어내고 찬물로 마무리. 콩가루를 곱게 갈아야 피부에 자극을 줄일 수 있다.

곡물가루 스크럽 녹두, 현미, 보리, 검은깨, 메밀 등의 가루를 혼합해 각질을 제거하면 곡물의 유분이 피부를 촉촉하게 한다. 보습효과를 주면서 부드럽게 각질이 제거되어 매끄러운 피부를 얻을 수 있다. 생수나 요구르트에 가루를 섞어 팩을 하도 좋다.

흑설탕 스크럽 흑설탕에는 미네랄과 비타민이 풍부하다. 세안한 얼굴에 물기를 닦지 말고 흑설탕을 살살 문지르면 각질이 깨끗하게 제거된다. 흑설탕의 알갱이가 거칠면 피부에 상처를 낼 수 있으니 곱게 빻아서 사용하면 좋다.

살구씨가루 스크럽 한 때 살구씨를 이용한 미용제품이 불티나게 팔렸던 때가 있다. 살구씨는 비타민과 미네랄이 풍부해 피부에 탄력을 주고 잔주름과 피부 잡티 완화에도 효과적이다. 꿀이나 요구르트에 섞어 팩을 하거나 마사지를 하면 좋다.

Lovely Skin 5

Well-aging

세월이 가면 나이를 먹고, 나이를 먹으면 하나 둘 세월의 흔적이
얼굴에 묻어나는 것이 당연하다. 기를 쓰고 늙지 않으려는 것보다
적당히 세월의 흐름을 즐기면서 고혹적으로 늙어가는 방법을
모색하는 게 정신건강에도 좋을 듯. 매일 죽을 듯이 운동하라는 것도
아니고 양귀비나 진시황이 먹었다는 '무엇'을 찾아 헤매라는 것도
아니다. 그저 생활에서 조금씩 예쁘게 덜 늙는 방법을 찾으라는 얘기다.

피부는 타고나는 것 20퍼센트에 만드는 것 80퍼센트다. 케이트 모스나 나오미 캠벨 같은 축복받은 유전자를 지닌 20퍼센트는 파티홀릭에 하루 4갑의 담배를 피우는 헤비스모커이면서도 스물다섯 탱탱한 피부로 주목받는다. 미란다 커 역시 제일 좋아하는 음식이 얄밉게도 '치킨'이라고 말하면서 반짝반짝 빛나는 피부를 잃지 않는다.

나 역시 30대가 되기 전엔 그랬다. "피부가 정말 좋으세요! 관리 방법이 따로 있나요?"라는 기자의 질문에 늘 "뭐 특별히 하는 거 없는데, 유전인가? 하하."라며 대답하곤 했었다. 그러나 30대로 접어들면서부터 상황이 달라졌다.

사랑스러운 동안 피부 만들기

피곤하면 다크 서클이 생기기도 하고, 보송보송하던 피부는 T존 부위가 번들거리는 복합성 피부로 바뀌었다. 최근 파파라치 카메라에 잡힌 그녀들도 같은 길을 걷고 있는 듯하다. 케이트 모스의 이마엔 주름이 자글자글해졌고 나오미 캠벨의 탄탄한 피부는 온 데 간 데 없다. 타고난 축복받은 유전자를 지닌 그녀들도 서서히 무관심의 대가를 치르고 있는 중인 것이다.

사실 나는 안티에이징 제품에 조금 회의적이었다. "정말 노화를 방지해줄까? 진짜 피부 시계를 되돌릴 수 있을까? 과연 눈가 주름을 없애줄까?" 제품을 꾸준히 사용하면서도 머릿속엔 온통 '정말', '설마', '과연'이라는 단어가 떠나지 않았다. 단 10퍼센트의 플라세보 효과도 작용하지 않는 것 같다. 그래서 생각을 바꿨다. 늙지 않으려 발악하기보다는 예쁘게 늙기 위해 노력하자고.

Elastic Care

피부 나이를 결정짓는 나이대별 탄력 케어

동안이 되는 데 가장 큰 걸림돌은 무엇일까. 탄력을 잃은 피부에서 나타나는 주름은 얼굴에서 나이를 파악할 수 있는 가장 솔직한 열쇠다. 나이가 들면서 탄력은 점차 떨어지게 마련이다. 사람마다 개인차가 있지만 이미 사춘기 시절부터 노화는 시작된다. 다만 본인이나 주위 사람이 느끼는 시점은 20대 후반 정도다. 25세 이후부터는 본격적으로 피부 노화가 시작된다고 하니, 아직 25세 이전이라면 미리미리 대처해야 할 것이다. 만약 25세가 넘었다면 현재 시점에 탄력 저하가 어떻게 진행되는지 파악하고 현명하게 케어해야 한다. 아직 늦지 않았다. 힘내라, 피부야!

나이대별 **탄력 케어**

20대 초중반 피부에 탄력이 있고 수분의 양도 적당하며 피부 재생력도 뛰어나다. 피지 분비가 왕성한 시기이므로 클렌징에 각별히 신경 쓰고 보습만 충실히 한다면 탄력 감소는 크게 걱정할 문제가 아니다.

20대 후반 얼굴 전체의 피부가 푸석푸석해지고 수분이 부족해지면서 건조함을 호소하기 시작한다. 상처가 나도 빨리 아물지 않고 재생이 더디다는 것을 느끼기 시작한다. 일주일에 1~2회 스크럽을 하고 피부에 수분을 공급하는 팩을 해줘야 표피의 노화를 예방할 수 있다.

30대 각질이 두꺼워지고 피부 세포는 얇아진다. 20대에 비해 피지 분비가 적어지며 수분도 부족해져 눈가 탄력이 급격하게 저하된다. 수렴 화장수보다는 유연 화장수를 활용하고 전문 탄력 케어 제품을 사용해 탄력 저하에 완벽 대비해야 한다.

40대 웃지 않아도 팔자 주름이 생긴다. 또 광대뼈 밑 부분부터 귀 옆쪽까지 나이키 로고 모양으로 볼살이 꺼지게 된다. 눈꺼풀에 탄력이 떨어져 처지기도 한다. 꾸준한 수분 공급과 동시에 유분도 필요하다. 유수분 밸런스를 잡아줄 제품을 선택하고 유분기가 있는 안티에이징 제품을 선택할 것.

50대 팔자 주름이 완전히 자리가 잡힌다. 탄력이 급격히 떨어지면서 눈가, 입가 주름이 도드라진다. 아랫입술 양쪽 끝으로 볼살과 턱살의 탄력이 줄어들면서 심술보 같은 마리오네트 주름이 생긴다. 20대 피부로 되돌릴 욕심보다는 나이보다 어려보이는 피부를 가꾸는 것이 중요하다. 전문 시술을 받아보는 것도 도움이 된다.

나이대별 **주름**의 특징과 대책

2030의 표피 주름 피부 각질층에 수분이 부족해 생기는 주름. 일명 건조주름이라 한다. 자외선 등 외부 자극에 의해 영향을 받고 수면 부족도 원인이다. 평소 모이스처라이저를 충분히 발라주고 외출할 때는 자외선 차단제를 빼놓지 않는다. 주기적으로 각질 제거를 하면 얼마든지 개선 가능하다.

3040의 얕은 주름 피부 표면뿐만 아니라 피부의 진피층 섬유질까지 손상된 상태. 주름은 눈 주위를 시작으로 입가로 이어진다. 진피까지 작용하는 고기능성 스킨케어 제품을 사용하고 단백질, 비타민 등을 집중적으로 섭취해야 한다. 촉촉함을 유지하고 충분한 수면은 필수. 즈름이 심하다면 전문가의 시술도 도움이 될 수 있다.

4050의 깊은 주름 얕은 주름의 홈이 보다 깊게 된 상태로 안티에이징 제품만으로는 회복이 어려운 상태. 한 번 깊게 패인 주름은 회복이 어렵다. 때문에 생기기 전에 예방하는 것이 중요하다. 이 상태가 되기 전에 꾸준히 관리를 하거나 시술을 받아야 한다. 보톡스, 필러 요법을 쓰기도 하지만 고주파, 레이저가 보다 도움이 될 것 같다.

대세는 웰 에이징! 예쁘게 덜 늙는 방법

세월이 가면 나이를 먹고, 나이를 먹으면 하나 둘 세월의 흔적이 얼굴에 묻어나는
것이 당연하다. 기를 쓰고 늙지 않으려는 것보다 적당히 세월의 흐름을 즐기면서
고혹적으로 늙어가는 방법을 모색하는 게 정신건강에도 좋을 듯. 매일 죽을 듯이
운동하라는 것도 아니고 양귀비나 진시황이 먹었다는 '무엇'을 찾아 헤매라는 것도
아니다. 그저 생활에서 조금씩 예쁘게 덜 늙는 방법을 찾으라는 얘기다.

Well-aging plan

표정&자세관리

장시간 컴퓨터 사용으로 미간을 찌푸리고 모니터를 보거나 엎드려 잠을 자거나 턱을 괴고 있는 자세는 모두 얼굴 탄력에 영향을 준다. 한 시간에 5분 정도 모니터를 끄고 깨끗한 손으로 얼굴을 가볍게 눌러 자극한다. 낮은 베개를 베고 자는 습관을 들이고 책상에 앉아 수시로 '아에이오우'를 반복하며 얼굴 근육을 자극하는 것이 좋다.

금주&금연

흡연과 음주는 피부 탄력에 치명적이다. 알코올은 분해 과정에서 다량의 수분을 필요로 하기 때문에 마시는 물로도 부족해 피부의 수분까지 모두 끌어가 쓴다. 그래서 술 마신 다음날은 피부를 위해서라도 물을 충분히 마셔야 한다. 담배도 마찬가지다. 연기 속에 다량 함유된 유해 물질이 피부 노화에 직접적인 영향을 준다. 피부로 갈 산소와 영양 공급이 원활해지지 못하면서 피부는 급격하게 탄력을 잃게 된다. 또한 입을 오므리는 동작을 반복하게 되어 입술 주위에 주름이 생기기 쉽다.

충분한 수면

잠이 부족하면 비타민 결핍과 미세한 혈관에 혈액 공급이 원활하지 못하게 된다. 그리고 이는 피부 노화로 직결된다. 자야 할 시간에 제대로 잠을 자지 못하면 멜라닌을 활성화시켜 노화를 한층 앞당긴다. 하루 8시간 이상의 수면을 이룰 수 없다면 반드시 밤 10시~새벽 2시 사이에는 수면을 취하는 것이 좋다. 만약 낮에 자야하는 직업을 가졌다면 최대한 수면환경을 밤으로 맞춰라. 블라인드를 치거나 수면안대를 착용할 것.

자외선 차단

자외선은 피부 수분을 빼앗아가고 피부를 이완시켜 탄력을 잃게 만든다. 콜라겐은 줄고 엘라스틴은 비정상적으로 늘어 진피층의 균형이 와르르 무너진다. 진정한 탄력 파괴 주범이라 할 수 있다. 자외선 양이 급증하는 4~5월, 오전 11시~2시 사이에는 가급적 외출을 하지 않는 것이 좋고 외출 시에는 자외선 차단을 철저히 하는 것이 좋다. 물론 자외선 차단은 365일 해야 하는 과제다.

수분 공급

피부에 끊임없이 물을 주자. 촉촉한 피부는 탄력적인 피부와 뗄 수 없는 관계를 지닌다. 탄력적인 피부를 원한다면 물을 많이 마시는 것이 가장 쉽고 훌륭한 해결책이다. 물 대신 신선한 과일이나 주스를 마시는 것도 좋다. 주변 온도나 습도를 적당하게 조절하는 것도 중요하다. 습도는 30~40퍼센트 정도가 적당하다.

무설탕 식품

단 음식은 탱탱하게 물오른 피부를 유지하는 데 전혀 도움이 되지 않는다. 당분이 산화 작용을 일으켜 노화를 촉진하기 때문. 만약 단 음식에 대한 금단 현상으로 스트레스가 쌓인다면 오히려 역효과를 낼 수 있지만 설탕을 자제할수록 당신의 피부는 젊어질 수 있다는 것을 기억하라.

꾸준한 운동과 예쁘게 웃기

꾸준한 운동으로 자신을 관리하는 것이 제대로, 아름답게 늙는 웰 에이징의 최선 아닐까. 꼭 매일 무리한 운동을 하라는 얘기가 아니다. 그저 생활 속에서 조금만 짬을 내 꾸준히 운동한다면 탱탱하고 빛나는 피부를 얻을 수 있을 것이다. 또 가능한 활짝, 예쁘게 웃자. 예쁘게 웃는 것만큼 웰 에이징 효과가 높은 것도 없다.

헐리우드 스타들의
웰 에이징 비법

사실 서양의 쭉쭉빵빵 그녀들은 도무지 나이를 가늠하기가 힘들다. 워낙 우리와 발육조건, 생김새, 피부톤 자체가 다르기도 하지만 그녀들만의 특별한 웰 에이징 비법이 존재하기 때문. "전신성형이다 뭐다 돈만 있다면 나도 그렇게 되겠다!"라고 스스로를 위로하지만 사실 그녀들은 누구보다 노력하고 있음에 틀림없다. 그것도 우리가 충분히 따라할 수 있는 비결로 빛나는 피부와 몸매를 유지하고 있다.

캐서린 제타 존스 뷰티 브랜드의 모델로 수년간 활동한 캐서린 제타 존스. 영화 〈터미널〉을 보면서 "도대체 뭘 먹고 저렇게 예쁠까?"라는 생각을 끊임없이 하게 만든 그녀. 골프 마니아인 그녀는 틈날 때마다 필드를 누빈다고 한다. 아로마 테라피를 즐기고 염분을 함유한 꿀로 얼굴과 전신 마사지를 한다.

에바 롱고리아 에바 롱고리아의 시간은 거꾸로 간다. 악건성 피부인 에바 롱고리아의 뷰티 시크릿으로 유명한 아이템은 밍크오일. 세안 후 2~3방울 발라주는 것만으로도 놀라운 보습력을 가진 아이템이라고 한다. 그녀의 또 다른 뷰티 시크릿은 어이없게도 커피다. 산화방지 성분이 들어 있어 암과 심장병을 예방한다는 연구결과가 발표되기도 했지만 그녀의 거꾸로 흐르는 피부 시계를 설명하기에는 조금 모자라는 듯.

기네스 펠트로 기네스 펠트로는 한국식으로 피부 관리를 하는 것으로 유명하다. 바로 때 밀기! 근육 회복과 피부 정리 목적으로 엡솜 소금 목욕을 하고 목욕을 하면서 엑스폴리에이팅 장갑을 사용한다고 한다. 한국의 '이태리 타월' 정도로 생각하면 맞을 듯. 그녀 역시 각질 제거에 만전을 기하는 것 같다.

데미 무어 귀여운 연하 남편, 영화 〈사랑과 영혼〉의 청순한 이미지, 그리고 전신 성형. 데미 무어 하면 떠오르는 몇 가지다. 연간 8억 원이 넘는 미용관리비를 들인다는 그녀는 특이한 뷰티 시크릿을 가지고 있다. 미국의 한 토크쇼에서 "내 아름다움의 비결은 거머리가 내 피를 빨게 하는 것"이라고 말해 화제가 된 그녀. 따라하는 방법도 모르겠고, 따라하고 싶지도 않지만 미를 위해 거머리에게 더혈을 빨아내게 하는 데미 무어. 역시, 세상에 공짜도 되는 건 없다.

빅토리아 베컴 전 세계 패션 아이콘으로 쿨리는 빅토리아 베컴. 노화현상 기피증에 걸렸다는 빅토리아 베컴은 늙어 보이는 것을 죽도록 싫어한다. 그녀가 하루 4시간 이상 운동에 투자하는 이유도 모두 젊음을 유지하기 위한 수단. 그녀는 기름기가 없고 영양소가 풍부한 스페인 요리를 즐긴다. 아침에는 오트밀이나 잡곡 시리얼, 과일을 먹고 점심에는 생채소를 먹는다고 한다.

우마 서먼 운동 마니아인 우마 서먼은 노화 방지에 탁월한 슈퍼 푸드, 블루베리를 꼭 챙겨먹는다. 샐러드를 먹을 때도 블루베리 퓌레, 무지방 플레인 요구르트, 샤과 소스, 레몬주스를 섞어 만든 블루베리 드레싱만 활용한다고 한다.

제시카 알바 헐리우드 최고의 비키니 몸매로 떠오른 제시카 알바. 아이 엄마라고는 도대체 믿기 힘든 몸매를 가진 그녀의 웰 에이징 비법은 운동. 열일곱 살 때부터 요가, 필라테스, 런지워킹, 태보, 웨이트트레이닝 등 온갖 운동을 해왔다고 한다. 아침에는 오트밀과 과일을 먹고 점심에는 샐러드와 스시, 등 푸른 생선을 즐겨 먹는다고 한다.

Celeb's Anti-aging

피부에 빛을 더하는
웰 에이징 체크리스트

보다 근본적인 안티에이징 케어를 갈망한다면 당신의 라이프스타
일부터 싹 뜯어고쳐야 한다. 고가의 안티에이징 제품을 바르는 것
만으로 피부에 최선을 다했다고 말하지 마라. 생활습관 하나하나가
피부에 상처를 주고 노화를 가속시킨다. 어쩌면 귀에 못이 박히도
록 들어 왔던 얘기일 테지만 이제 제발 실행에 옮기자. 오늘보다 내
일이 아름다울 수 있는 생활 수칙을 실행하고 또 실행해야만 한다.

Well-aging
check list

□ 하루 8잔 이상의 물을 마신다.

□ 과식은 금물. 아침, 점심, 저녁 식사의 비율을 35:45:20으로 조절한다.

□ 흰빵, 소금, 흰설탕, 조미료, 흰쌀밥. 화이트푸드를 멀리한다.

□ 점심 메뉴는 탄수화물보다 단백질로 정한다.

□ 텔레비전을 보면서 먹지 않는다.

□ 턱을 괴고 일을 하거나 엎드려 자지 않는다.

□ 베개의 높이는 5센티미터를 넘기지 않는다.

□ 손을 자주 씻는다.

□ 시력이 나쁘면 안경이나 렌즈를 낀다.

□ 지나치게 뜨거운 물로 세안이나 샤워하지 않는다.

□ 밤 10시~2시 사이에는 수면을 취한다.

□ 컴퓨터 모니터 화면을 너무 작게 해놓지 않는다.

□ 비타민을 꼭 챙겨먹는다.

□ 히터, 에어컨을 가급적 멀리 한다.

□ 클렌징을 꼼꼼히 한다.

□ 자외선 차단제를 습관처럼 바른다.

□ 운동하는 습관을 기른다.

□ 정크푸드, 탄산음료를 멀리한다.

□ 지나친 음주나 흡연은 삼간다. 가능하면 금주, 금연 습관을 길러라.

□ 햇빛이 강한 날에는 선글라스를 착용한다.

□ 스트레스는 그때그때 풀어라.

탄력 배틀, 한방 VS 양방

영화 〈벤자민 버튼의 시간은 거꾸로 간다〉의 벤자민이 아닌 이상 흐르는 세월을 거스를 수는 없는 일. 세월을 거스른다는 것이 불가능하고 무모한 일이긴 하지만 분명 지연시킬 수 있는 방법은 존재한다. 조금 더 천천히, 남들보다 더 예쁘게 세월을 맞이하는 방법을 터득하고 실천할 것. 간단하지만 명쾌한 전문가들의 해답을 주목하라.

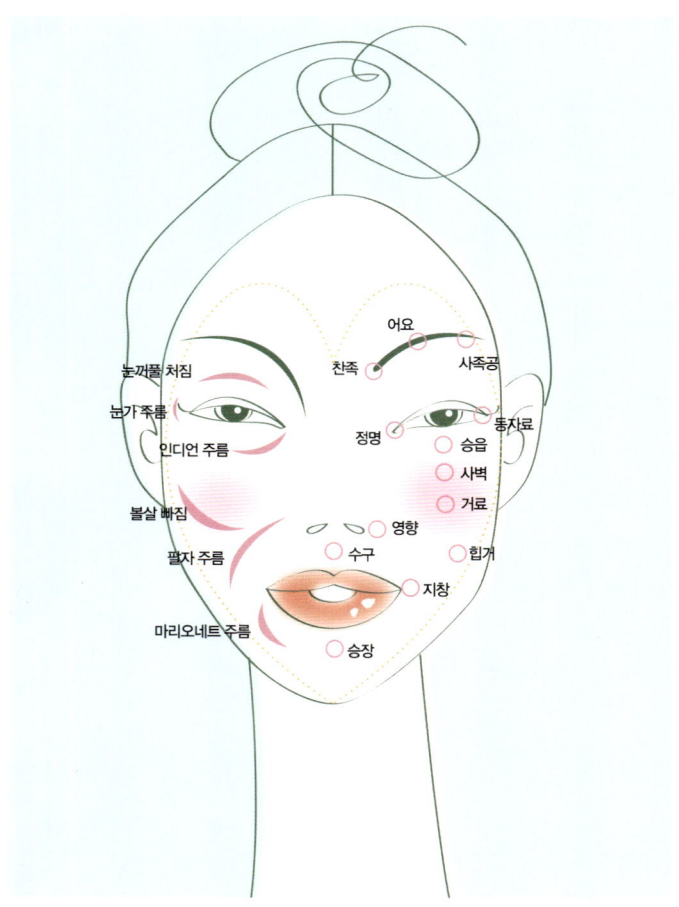

한방에서 말하는 경혈점. 3~4초간 통증이 느껴질 정도로 누르면 탄력을 높일 수 있다.

피부 탄력을 높이는 **한방 솔루션**

1) 목욕으로 피로를 푼다.

스트레스와 피로는 피부의 적이다. 목욕은 피부 속 노폐물을 배출해 뭉쳐 있던 피로를 풀어준다. 그러나 너무 뜨거운 물에 자주 목욕을 하는 것은 오히려 피부 건조를 유발할 수 있으므로 피한다. 물 온도는 손을 담갔을 때 따뜻한 느낌이 들 정도면 적당하고 일주일에 2회 정도면 충분하다.

2) 지압과 안면근육 운동을 한다.

주름 방지와 피부 탄력 유지를 위해서 적당한 안면 근육 운동은 필수적이다. 피부 탄력 유지는 물론 균형 잡힌 얼굴형을 갖게 해 나이보다 훨씬 어려보이는 동안 효과까지 얻을 수 있다. 또한 클렌징을 하거나 세안을 할 때 간단하게 안면 지압점을 눌러주면 탱탱하고 탄력 있는 피부를 가질 수 있다.

3) 한방 요법으로 신체 내부를 다스린다.

위장이나 생리의 이상 신호는 안색을 칙칙하게 하고 피부 탄력 저하를 가속화시킬 수 있기 때문에 가벼운 증상은 침으로, 심한 증상이라면 한약을 복용하여 미리 예방하고 치료하도록 한다. 피지와 각질 등 노폐물이 쌓여 있으면 2~3달에 한 번 정도는 약초 스케일링으로 노폐물을 제거한다.

Anti-aging
solutions

피부 탄력을 높이는 **양방 솔루션**

1) 잘못된 생활습관부터 교정한다.

적당한 운동을 일주일에 3~4회 꾸준히 시행한다. 1시간 정도가 바람직한데 준비 및 정리 체조 10분, 유산소 운동 20분, 근력 운동 30분이 적당하다. 1시간 운동이 힘들다면 시간을 나눠 횟수를 늘리는 방법도 좋다. 잠은 매일 늦어도 12시 이전에 들도록 하고 6시간 이상 숙면을 취하도록 한다.

2) 피부에 좋은 음식을 섭취한다.

비타민이나 단백질이 풍부한 음식물을 부지런히 섭취한다. 특히 비타민 C가 풍부한 채소, 과일을 섭취하고 녹차나 레몬차를 마신다. 비타민 A가 풍부한 시금치, 호박, 그리고 비타민 E가 풍부한 꽁치, 닭고기 등의 섭취도 필요하다. 비타민 C가 함유된 종합 비타민을 꾸준히 섭취하는 것도 좋다. 매 식사 시 단백질, 탄수화물, 지방을 4:3:3 정도의 비율로 꾸준히 섭취한다.

3) 전문적인 피부과 시술을 받는다.

고주파를 이용한 시술이나 보톡스 주사요법 외에도 레이저빔을 미세하고 강하게 주입하는 상부 진피 재생술이 있다. 일주일에 1번, 10회 반복하면 탄력적인 피부로 되돌릴 수 있다. 지방과 노폐물 배농 탄력에 도움을 주는 인디바 케어도 추천한다. 세포의 신진대사를 활성화시키고 노폐물을 제거해 세포 조직을 근본적으로 재생시키는 시술이다.

도움주신 분_ 동원 미즈 한의원 장재식 원장님 / 허쉬 클리닉 정영춘 원장님

How to minimize pores

오렌지 껍질 같은 모공을 줄여라

동굴처럼, 달의 분화구처럼, 오렌지 껍질처럼 나날이 커지는 모공. 모공의 처짐은 탄력 저하에서 비롯되는 가장 첫 번째 단계다. 동안 피부 최대의 적! 모공을 바로잡아야 진정 빛나는 피부를 얻을 수 있다. 피부 트러블을 일으키는 원인이 되기도 하는 모공을 키우는 잘못된 습관들과 상황에 맞는 관리 방법들만 숙지하고 있어도 피부 탄력을 높이는 해답은 나온 것이나 마찬가지다.

모공을 키우는 **잘못된 습관**

세안하지 않고 잠드는 못된 버릇

간혹 만취한 상태로 집에 들어오면 클렌징이고 뭐고 다 접고 그냥 잠들고 싶을 때가 있다. 다음날 쓰린 속으로 일어나도 마찬가지다. 턱까지 내려온 마스카라의 흔적을 지울 생각보다 쓰린 속을 달랠 따뜻한 국물 생각이 간절하다. 하지만 하루쯤 괜찮을 것이라고 생각하지 마라. 당신의 모공은 어제 하루 동안 숨을 쉬지 못하고 지금 화가 단단히 나 있을 테니까.

손으로 여드름을 짜는 나쁜 습관

손으로 여드름을 짜는 습관도 모공을 넓히는 못된 습관중 하나다. 손으로 피부에 자극을 주게 되면 피지가 있는 부위뿐 아니라 그 옆의 피부까지 자극 받는다. 진피층까지 손상을 입은 피부는 금방 부풀어 오른다. 이로 인해 모공의 모양이 일그러지고 울퉁불퉁한 흉터가 남을 수 있다는 사실. 기구를 이용해 짜더라도 자극받은 모공을 진정시킬 냉찜질을 하는 게 좋다.

블랙헤드 제거 후 그대로 방치하는 몹쓸 습관

블랙헤드를 공들여 제거하는 습관은 훌륭하다. 블랙헤드 제거 전용 팩을 한 경우 반드시 모공을 꽁꽁 잠가줘야 한다. 블랙헤드가 빠져나온 모공 사이사이 또다시 오염물질이 끼고 피지가 채워져 아무 소용없게 되니까. 모공을 타이트하게 조여 주는 것까지가 블랙헤드 제거에 포함된다고 생각하라.

모공을 줄이는 **좋은 습관**

로션이나 크림보다는 스킨

모공이 큰 피부는 아침에 유분이 많은 로션이나 크림류는 사용을 자제하는 것이 좋다. 대신 차갑게 냉장보관한 스킨류를 듬뿍 발라라. 냉타월을 이용해 모공을 수축시키고 탄력을 강화하면 더욱 좋다. 모공을 줄이는 습관이 다소 귀찮은 과정일 수 있지만 전체적으로 피부 탄력을 높일 수 있는 방법이라는 것을 기억할 것.

피지 조절

외출 중에도 모공관리에 소홀하면 안 된다. 지성피부의 특징은 모공이 넓다는 것이다. 피지 분비량과 모공의 크기가 관련이 있다는 말. 때문에 피지가 모공 사이에서 굳도록 그대로 방치해서는 안 된다. 수시로 피지를 제거해주는 것이 좋다. 단, 트러블이 많을 경우에 잦은 기름종이 사용은 오히려 피부를 건조하게 만들어 좋지 않은 영향을 끼칠 수 있다. 피지분비를 촉진시키는 기름진 음식을 피하고 스트레스를 줄여 근본적인 원인부터 해결해야 한다.

피부에 탄력주기

피부 탄력이 떨어지면 모공 역시 늘어지며 크기가 커진다. 피부 탄력을 업 시키는 리프팅 제품을 사용해도 좋지만 무엇보다 건강한 피부를 만드는 것이 우선이다. 건강기능식품을 먹는 것도 좋고 적당한 운동을 하는 것도 좋으며 경락을 자극하는 방법도 좋다. 어떤 것이든 노력하라.

완벽하지 않다면 커버하라

온도 변화에 민감하게 반응하는 모공은 사실 아무리 관리해도 완벽하게 해결하기는 힘들다. 듬성듬성 뚫린 모공을 케어할 수 없다면 완벽한 것처럼 커버해야 한다. 매끄러운 피부결을 만들어주는 프라이머 제품이나 모공을 순간적으로 조여 주는 메이크업 베이스를 사용하면 매끈하게 모공을 커버할 수 있다. 다만 너무 두꺼운 베이스 메이크업은 또다시 모공을 화나게 할 수 있다.

필라테스로
아름다운
보디 라인 만들기

"바빠서 운동할 시간이 없다."는 말은 "지금 막 전화하려고 했어."라고 둘러대는 남친의 그것과 다를 바가 없다. 제발 바쁘다는 핑계는 그만! 당신의 보디 라인을 위해 단 10분만이라도 투자해라. 기구를 사용 할 필요도, 피트니스 센터에 갈 필요도, 런닝화를 살 필요도 없다. 그저 탄력을 잃은 당신의 몸과 쿠션이 있는 매트 한 장만 있으면 된다.

가슴과 팔의 탄력을 높이는 필라테스

1-1. 양손을 어깨넓이로 벌려 내려놓는다. 두 무릎을 붙여 기어가는 자세를 유지한다.

1-2. 시선은 아래를 향하며 목선을 긴장하고 쭉 늘인다.

2-1. 양손으로 바닥을 누르며 왼 다리를 뒤로 뻗는다.

2-2. 시선은 정면, 척추를 곧게, 뻗은 다리의 무릎은 쭉 편다.

3-1. 뻗은 다리를 엉덩이 높이로 들어올리며 발끝이 몸에서 최대한 멀어지도록 한다.

3-2. 마시는 숨에 양 팔꿈치를 접고 가슴이 바닥에 닿을 듯 말듯 깊게 내려준다. 숨을 잠시 멈추며 3초간 유지한다.

3-3. 내쉬는 숨에 양팔을 펴며 상체를 들어올린다.

3-4. 마시고 내쉼을 1번으로 10번 3세트 반복한다.

매력적인 엉덩이를 만드는 필라테스

1-1. 등을 바닥에 대고 두 무릎을 세운다. 두 다리를 붙인 상태로 천천히 엉덩이를 들어올린다.

1-2. 최대한 엉덩이를 들어올리고 양손으로 허리를 고정한다. 어깨는 바닥에 닿아야 한다.

1-3. 오른쪽 다리를 바닥에서 서서히 들어올려 무릎이 쭉 펴지도록 한다. 이때 양쪽 무릎이 떨어지지 않게 긴장한다.

2-1. 양손으로 허리를 고정하고 천천히 오른발을 하늘 위로 뻗는다.

2-2. 엉덩이가 내려가지 않도록 주의하며 왼쪽 허벅지를 긴장시킨다.

목과 쇄골 라인을 환상적으로 만드는 필라테스

목 라인

1. 머리를 오른쪽으로 숙이고 오른손을 올려 왼쪽 옆머리를 잡고 오른쪽 방향으로 최대한 누른다. 10초간 유지한다. 이때 등은 곧게 펴지도록 한다.
2. 왼쪽도 같은 방법으로 시행한다.

쇄골 라인

1. 옆으로 누운 자세에서 양 팔을 포갠다. 이때 어깨를 구부리지 않도록 주의한다.
2. 1번 자세에서 호흡을 내쉬면서 허리는 제자리에 두고 팔과 어깨만 돌릴 수 있을 만큼 돌린다. 양 어깨가 바닥에 닿을 때까지 돌린다. 이때 하체가 상체를 따라 함께 돌아가지 않도록 유의한다.

매끈한 복부를 만드는 필라테스

1. 매트 위에 등을 대고 누워서 팔과 다리를 하늘로 들어올린다.
2. 양손을 깍지 껴서 뒷머리를 감싸고 숨을 들이쉬며 오른쪽 다리를 바닥에 닿을 듯 말 듯 천천히 내린다.
3. 왼쪽 다리를 당겨서 손으로 발목을 잡고 오른쪽 다리를 바닥에 닿을 듯 말듯 고정시킨다.
4. 반대쪽도 시행한다. 복부에 힘을 줘서 자세를 유지한다.

Lovely Skin 6
Whitening

화이트닝 제품을 사용한다는 것. 그것만으로 눈처럼 하얗고
화사한 피부를 가질 수 있으리란 착각을 버려라. 제대로 된 제품을 선택하고
바르는 것은 화이트닝을 위한 기본일 뿐이다. 크고 작은 생활 습관을 보태야
완벽한 화이트닝을 이룰 수 있다. 세상에 쉽게 얻을 수 있는 것은 아무것도 없다.

헐리우드 트러블메이커 린제이 로한은 대중들 사이에선 '주근깨 로한'으로 불린다. "에이, 백인이잖아. 스타일리시하고 예쁘장한 외모에 주근깨쯤이야." 하고 생각하다간 진짜 큰코다친다. 나 역시 그랬다. 평소 그녀에게 별 관심이 없던 터라 그저 라이센스 잡지에서 가끔 보고 지나치곤 했었다. 그런데 어느 날 잡지 한 면을 가득 채운 그녀의 상반신 컷을 보며 "종이에 뭐가 묻은 건가?" 하고 연신 닦아낸 적이 있다. 그런데 안 닦인다.

함께 있던 스타일리스트에게 보여주며 "이거 봐. 이게 뭐니?" 하고 묻자, "언니, 이거 주근깨예요."라며 대수롭지 않게 대답한다. 대박이다. 주근깨란다. 백만 개쯤 있어 보인다. 얼굴은 메이크업으로 얼추 가렸다 치더라도 그녀의 어깨와 팔, 등까지 퍼진 주근깨를 메이크업으로 커버하기란 아마도 불가능했으리라.

잡티 없이 맑은 우유빛깔 피부 만들기

하지만 그녀의 주근깨는 헐리우드 최고의 스타가 된 지금 별 문제가 되지 않는다. 그녀의 팬들은 이미 그녀의 주근깨까지도 사랑스럽다 말하고 있으니까. 하지만 린제이 로한의 주근깨가 일반인에게 옮겨간다면 얘기는 180도 달라진다. 매일 한 시간 이상 공들여 커버메이크업을 하고 피부과에 문턱이 닳도록 드나들 것이다. 그리고 하늘하늘 끈 달린 원피스는 생각도 못할 것이다. 우리나라 여성들은 아직도, 여전히, 화이트닝에 목숨을 걸고 있기 때문이다.

만약 우리가 메간 폭스의 황금비율 몸매와 훌륭한 이목구비를 가졌다면, 제이사 키미나조의 완벽한 기럭지를 가졌다면, 린제이 로한의 예쁘장한 마스크와 패션 감각을 가졌다면 화이트닝쯤은 무시해도 좋다. 그것이 아니라면 지금 당장 충실하고 완벽하게 화이트닝에 올인해야 한다. 좋은 피부를 말하는 기준은 세월이 가도 백옥 같은 피부, 도자기 피부 등 화이트닝에서 비롯되는 찬사일 테니까.

Whitening Tips

HD 텔레비전이 사람 잡는다

우리는 지금 텔레비전에 나오는 연예인의 땀구멍 수와 솜털 수까지 맞출 수 있는 고화질 시대에 살고 있다. 참으로 대단한 시대지만 여배우들에게는 엄청난 스트레스다. 여배우들이 하나같이 피부 관리에 목숨 거는 이유도, 피부가 좋은 연예인이 주목받는 이유도, 피부가 엉망인 연예인이 의기소침해질 수밖에 없는 이유도 모두 HD 시대의 해프닝이다. 다크 스폿과 노화로 인한 잡티, 다크서클을 커버하는 메이크업은 이제 의미가 없다. 메이크업의 두께까지도 체크할 수 있으니까. 그렇다. HD 텔레비전 시대에 살아남기 위해선 커버만이 능사가 아니다. 피부 속부터, 몸속부터 화이트닝해야 한다는 사실!

화이트닝에 목숨 거는 **스타들의 뷰티 팁**

항산화 식품 와인의 폴리페놀은 피부를 젊게 하는 데 도움을 준다고 한다. 자기 전에 한 잔씩 마시면 혈액순환을 도와 안색을 맑게 한다. 이외에 브로콜리, 녹차, 토마토 등 항산화 효과가 있는 음식을 많이 섭취하고 운동을 통해 대사활동을 높여 혈액순환을 돕는다. 피부 관리 이전, 몸속의 문제점을 해결하는 것이 우선이다.

키위 팩 촬영 중간 중간 인스턴트 식품을 섭취하게 되는 경우가 많다. 대부분의 인스턴트 식품은 염분과 지방이 많아 혈액을 탁하게 만든다. 가능한 인스턴트 식품의 섭취를 줄이고 방울토마토, 사과 등 비타민, 무기질이 풍부한 음식을 섭취한다. 또 피부가 심하게 지친 날, 곱게 간 키위에 해초가루를 섞어 팩을 하면 맑은 안색을 되찾는 데 도움이 된다.

우유 세안 투명한 피부 표현을 위해 파운데이션, 파우더 메이크업은 피하는 편이다. 보통 컨실러와 에센스, 파운데이션과 오일을 섞어 촉촉한 피부를 표현한다. 발효시킨 우유로 세안하면 매끄럽고 화사한 피부를 유지할 수 있다. 세기의 미인, 클레오파트라가 썼던 방법이라고 한다.

기미를 없애는 콩 멜라닌 색소를 억제하는 비타민 C가 함유된 음식을 섭취하는 것도 좋지만 호르몬 분비의 균형을 잡아주는 콩의 섭취도 중요하다. 콩에는 간장 기능을 강화하는 단백질, 혈액 순환을 돕는 비타민 E가 풍부하다. 기미를 예방하는 것은 물론 멜라닌 색소의 증가를 억제해 이미 생긴 기미까지 없애준다.

꾸준히 섭취하는 비타민 C 비타민 C는 체내에 저장되지 않기 때문에 꾸준히 섭취하는 것이 중요하다. 간편하게 먹을 수 있는 과립형, 젤리형 등의 비타민제를 복용하고 비타민 C 세럼이나 앰플로 꾸준히 관리한다.

전문가의 필링 기미, 잡티, 여드름 자국은 비타민 C를 먹고 바르는 것만으로 완벽하게 사라지지 않는다. 정기적으로 에스테틱 숍이나 피부과에서 필링을 받는 것도 해결책. 여건이 안 된다면 화이트닝 제품을 꾸준히 사용하고 그 성분이 잘 흡수될 수 있도록 각질관리를 충실히 하는 것도 좋다.

녹차와 과일주스 우리가 흔히 마시는 커피나 탄산음료의 카페인은 멜라닌을 자극해 피부를 더욱 칙칙하게 한다. 비타민 C와 카테킨이 풍부한 녹차를 마시고 레몬, 딸기, 파슬리, 양배추, 파프리카 주스를 마시는 것이 포인트.

Habits for skin whitening

눈처럼 하얘지는
10가지 화이트닝 습관

화이트닝 제품을 사용한다는 것. 그것만으로 눈처럼 하얗고 화사한 피부를 가질 수 있으리란 착각을 버려라. 제대로 된 제품을 선택하고 바르는 것은 화이트닝을 위한 기본일 뿐이다. 크고 작은 생활 습관을 보태야 완벽한 화이트닝을 이룰 수 있다. 세상에 쉽게 얻을 수 있는 것은 아무것도 없다. 사랑도, 일도, 심지어 좋은 피부도.

1. 이너 뷰티는 기본

기미는 혈액순환이 좋지 않거나 변비가 있는 경우, 소화가 잘 안 되는 경우, 자궁이 냉한 경우 잘 발생한다. 몸속부터 다스려야 진정한 피부미인이 될 수 있다. 혈액순환과 원기 회복을 돕는 비타민 E, 홍삼, 마늘 등 건강식품은 이제 스스로 알아서 챙겨먹어라. 매실, 쑥차는 소화를 돕고 몸의 냉기를 개선할 수 있으니 참고할 것.

2. 정기적인 각질 관리

미백 효과를 높이기 위해 화이트닝 제품만 죽어라 바르면서 도대체 왜 효과가 없는 거냐고 불평하지 마라. 정기적으로 각질관리를 해주고 있는지, 그 각질 관리가 제대로 된 것인지 체크하자. 오래된 각질이 피부 위에 쌓이면 피부가 칙칙해질 뿐 아니라 미백 효과가 있는 제품을 아무리 바른다 하더라도 피부 위에서 겉돌 수 있다. 화이트닝 성분의 침투를 방해하는 각질을 정기적으로 제거해야 한다.

3. UVA 완벽 차단

자외선 중에서도 피부미백과 관련된 UVA를 차단해야 한다. UVA는 UVB와 달리 유리를 투과한다. 자동차 안에 있어도, 사무실에 있어도, 집에 있어도 UVA는 차단해야 한다. PA지수가 표기되어 있는 자외선 차단제를 선택할 것.

4. 간도 쉬어야 한다

과도한 음주나 폭식, 불규칙한 수면습관 등은 간과 같은 장기를 괴롭히는 주요 원인이다. 제발 피곤한 간을 쉬게 하자. 간은 체내 독소를 제거하는 중요한 장기다. 간의 기능이 떨어지면 체내 불순물이 피부에 쌓이고 멜라닌 색소를 평소보다 많이 배출해 기미를 불러온다.

5. 스키니 진은 그만!

혈액순환이 제대로 되지 않을 때 기미나 잡티는 더욱 기승을 부린다. 경락 마사지나 림프 마사지로 뭉친 근육을 풀어주면 혈액순환이 원활해지며 기미나 잡티가 조금씩 사라진다. 얼굴, 목, 어깨까지 풀어주는 게 좋다. 잠들기 전 5분만 투자하라. 그리고 트렌드도 좋지만 터질 것 같은 스키니 진, 롱부츠는 좀 자제해주길!

6. 안티 홍당무

다크 스폿보다 위험한 건 얼굴의 전체적인 홍조다. 얼굴빛이 붉게 느껴질 때 심장이 고통 받고 있는 건 아닌지 의심해볼 것. 이럴 땐 신경을 안정시키는 음식을 섭취하는 것이 도움이 된다. 콩류, 오이, 수박 같은 신선한 채소와 과일을 많이 먹는 게 좋다. 피부가 건조해지면 안면홍조가 더 심해지니 수분유지도 필수다.

7. 화이트닝 라인과 에센스 미스트

환한 피부를 갖고 싶다면 화이트닝 라인을 선택하는 것이 맞다. 화이트닝 라인은 단기간에 그 효과를 확인할 수 없다. 드라마틱한 효과를 기대한다면 적어도 28일 이상은 꾸준히 사용해야 한다. 단, 화이트닝 라인은 각질을 제거하는 기능이 있기 때문에 피부를 건조하게 할 수 있다. 수분에센스와 미스트를 혼합해 수시로 뿌려주면 촉촉함을 유지하면서 생기 넘치는 피부를 표현할 수 있다.

8. 화이트닝 타임

오전 10시~오후 2시는 자외선이 가장 강한 시간. 가급적 외출을 삼가라. 외출 시 자외선 차단제, 모자, 선글라스는 생명과도 같다. 무슨 일이 있어도 무방비로 외출해서는 안 된다. 밤 10시~새벽 2시까지는 피부의 재생이 가장 활발한 타임이다. 반드시 숙면을 취해 피부상태를 최상으로 만들어야 한다.

9. 스트레스 탈출

아무리 피부 관리를 잘한다고 해도 수면부족, 스트레스는 최대의 적이다. 정상적인 신체리듬을 깨기 때문이다. 숙면으로 피로를 풀고 컨디션을 최상으로 유지해야 한다. 스트레칭, 반신욕, 아로마테라피, 여행, 친구와의 수다……. 어떤 방법도 좋다. 스트레스를 날려버려라.

10. 피임, 임신에 주의하라

임신, 수유기간이나 피임약, 호르몬약을 복용할 때는 기미를 조심해야 한다. 피임약을 복용하거나 임신 중에도 안심하게 먹을 수 있는 비타민제를 복용하고 자외선 차단과 화이트닝 케어를 병행해야 한다. 절대 방심해서는 안 된다.

Causes of dark circles

다크서클이 생기는 원인

방송국 로비에 앉아 차를 마시다 보면 아이돌 가수나 젊은 후배 연기자들을 만나게 된다. 파릇파릇 귀엽고 예쁘다. 그런데 하나같이 눈가 피부엔 생기가 없다. 짙은 방송 메이크업과 수면부족, 불규칙한 생활이 어린 후배들의 눈가에 치명타를 날린 듯하다. 커버에만 급급할 일이 아니라 원인을 파악하고 다크서클이 생기기 전에 예방하는 것이 생기발랄한 인상을 만드는 포인트가 될 것이다. 화장을 하지 않아도 충분히 예쁜 그녀들이 하루 빨리 맑은 안색으로 생기를 찾길 바란다.

멜라닌 색소 침착

눈가의 트러블이 잦은 경우, 아토피 피부염을 앓고 있는 경우, 습관적으로 눈가를 비비고 만지는 경우. 이런 경우 대부분 다크서클에 시달리게 된다. 눈 주위에 피부염이 생기면서 멜라닌 색소 침착을 가져오기 때문. 이럴 땐 일반 아이크림보다는 화이트닝 제품을 사용해야 한다. 멜라닌 생성을 억제하고 분해하는 화이트닝 제품은 다크서클에 확실히 효과적이다. 색소 침착에 의해 다크서클이 발생하기 때문에 자외선 차단제를 꼼꼼히 바르는 것도 잊지 말아야 한다. 아이돌 가수의 경우 짙은 방송용 메이크업으로 살인적인 스케줄을 소화해낸다. 자연히 눈가 피부에 색소침착이 일어나기 쉽다. 아이섀도나 마스카라 등 아이메이크업은 반드시 전용 클렌저로 부드럽게 닦아야 색소침착을 막을 수 있다.

혈관장애

항상 잠이 부족하고 피곤함을 호소하는 사람들은 판다처럼 눈가가 검은 빛을 띤다. 연기자들의 경우 밤샘 촬영도 많고 스케줄이 들쑥날쑥해 불규칙한 생활을 하기 쉽다. 이런 생활이 지속되다 보면 어김없이 다크서클이 자리를 잡는다. 다크서클은 혈관 조직이 부어오르면서 눈 아래 피부가 검푸르게 변하는 것을 말한다. 이럴 땐 간단한 림프 마사지를 통해 다크서클을 완화할 수 있다. 눈 근육과 안구를 둘러 싼 뼈를 자극하면 림프액의 순환을 도와 눈가의 노폐물을 배출해 안색이 밝아질 수 있다. 단 눈가 피부는 예민하기 때문에 너무 세게 자극을 하면 트러블이 생기기 쉽다. 페이스 오일을 발라 부드럽게 마사지하면 좋다.

눈가 부종

눈 주변은 얼굴 피부 중 가장 얇고 예민한 부분이다. 혈관이 쉽게 붓는데다 수분이 몰리기 때문에 특히 부종이 심하다. 부어오른 혈관은 다크서클의 원인이 된다. 피로가 누적되고 짠 음식을 많이 섭취하고 자기전에 물을 많이 마시면 다크서클이 더욱 쉽게 나타난다. 아침에 일어나 눈가가 부어 다크서클이 심해지면 차게 얼린 숟가락이나 티백을 올려 응급 처치할 수 있다. 부기를 빼면 혈관이 수축되어 다크서클 완화에 도움을 준다. 또 규칙적인 운동이나 미네랄과 비타민 섭취도 다크서클을 예방하는 데 큰 도움이 된다.

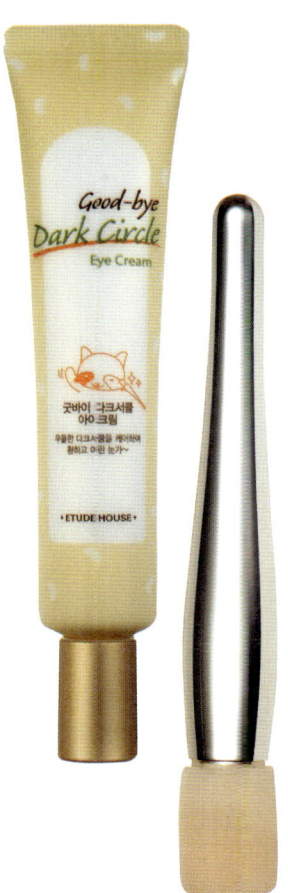

다크서클, 전문가에게 도움 받기

다크서클의 원인은 크게 3가지로 나뉘지만 각각 개별적인 원인에 의해 나타난다고는 할 수 없다. 피임약을 복용하여 멜라닌 색소 침착이 일어난 경우 피로가 함께 겹쳐 더욱 두드러지게 나타나는 경우도 있다. 또 매달 생리 주기가 찾아오면 다크서클이 더욱 심해지기도 하는데 부종과 함께 혈관이 확장되어 나타나기도 한다. 이렇게 복합적인 원인으로 나타나는 다크서클은 생활습관과 음식조절로도 얼마든지 예방이 가능하다. 하지만 증상이 심각한 경우 병원을 찾으면 더욱 빠르고 효과적으로 해결할 수 있으니 참고할 것.

Professional care

멜라닌 색소 침착으로 인한 다크서클

멜라닌 색소 침착에 의한 다크서클은 자외선 노출, 피임약, 또는 호르몬약 복용, 임신이나 수유 중일 경우 나타난다. 표피가 아닌 진피에 멜라닌이 침착되기 때문에 겉만 케어해서는 근본적인 치료가 될 수 없다. 큐스위치 레이저나 IPL을 반복 시행하고 비타민 C 전기이온 영동치료와 비타민 K 크림을 도포하면 효과가 좋다.

혈관장애

다크서클의 또 다른 원인, 혈관장애. 피부 밑 혈관이 늘어나 검푸른빛을 띠는 정맥혈이 피부 밖으로 드러나 보이는 경우. 피로가 쌓이거나 불면증, 감기, 생리, 혹은 스트레스를 받을 경우 심해진다. 혈액순환이 원활하지 못해 혈관이 확장되고 혈액이 정체되기 때문에 나타난다. 이럴 경우 롱펄스 앤디야크 레이저를 1~3회 정도 시행해주면 효과적이다.

눈가 부종

눈밑 심술보의 경우 혈관이 붓거나 수분이 몰리는 등 복합적인 증상으로 나타난다. 이런 경우 2차 시술에 의해 제거가 가능하다. 1차로는 눈밑 지방을 제거하고 경과 후 2차 시술에 들어간다. 2차 시술은 눈 아래 안구 홀 쪽으로 필러를 보충하는 방식인데 눈이 꺼져 보이지 않고 매우 효과적이다.

도움주신 분_ 허쉬 클리닉 정영춘 원장님

Lovely skin Info.

다크서클을 완화시키는 경혈점 마사지

1 정면을 봤을 때 검은 눈동자의 바로 아래 부분. 눈 아래 가장 움푹 들어간 곳을 승읍이라 한다. 이 부분을 3초간 눌러준다. 10회 반복.

2 승읍에서 귀쪽으로 손가락 한마디쯤 떨어진 곳을 구후라 한다. 3초간 누른다. 20회 반복한다.

3 눈의 앞쪽, 코 옆 부분을 눈을 지그시 감고 3초간 눌러준다. 10회 반복한다.

4 중지와 검지를 이용해 눈 주변을 손가락으로 원을 그리듯 눌러준다. 눈 앞머리부터 눈꼬리, 눈 밑, 다시 눈 앞머리로 5회 반복한다.

5분 만에 만드는 초간단 천연팩

천연재료로 만드는 팩은 피부에 자극이 적어 민감한 피부에 좋다. 하지만 천연성분이라고 해서 모두 다 안심할 수는 없다. 복숭아나 키위, 달걀 등 평소 알레르기 반응을 보이는 재료는 피부에 바르는 것도 주의해야 한다. 천연성분이라고 해서 모두 다 완벽하지는 않다. 트러블이 심한 피부는 반드시 팔 안쪽에 테스트한 후 사용할 것. 또한 아무리 좋은 재료라 해도 깨끗하고 신선한 재료를 사용하는 것을 원칙으로 한다. 자, 그럼 초간단 천연팩을 만들어보자.

Natural skin pack

레몬 팩

비타민 C가 풍부해 미백 및 모공 수축 효과가 탁월한 레몬. 묵은 각질을 제거해 칙칙해진 피부톤을 화사하게 한다. 레몬즙 1스푼과 꿀 1스푼, 밀가루 2스푼을 섞어 바른 뒤 10분 후 팩이 마르면 미지근한 물로 씻어낸다. 마무리는 레몬을 담가둔 찬물로 패팅하면 효과 만점. 산도가 높은 레몬은 피부에 자극을 주기 쉽다. 레몬즙을 얼굴에 직접 사용하는 것은 금물. 반드시 묽게 만들어 자극을 줄여야 한다.

키위 팩

키위는 비타민 C 함유량이 높아 미백 효과가 뛰어나다. 키위 반쪽을 강판에 갈아 해초가루 1스푼과 섞는다. 비타민과 미네랄 성분이 뛰어난 꿀을 1스푼 넣어도 좋다. 꿀을 첨가하면 보습효과까지 기대할 수 있다. 재료를 섞어 얼굴에 바른 뒤 15분이 경과하면 세안한다. 특히 키위는 살균작용이 있어 여드름 피부, 지성피부에 효과적이다. 수분 함량이 풍부한 오이즙이나 세정작용이 탁월한 달걀 흰자와 섞어 사용해도 좋다.

쌀겨 꿀 팩

보습과 화이트닝, 모공축소에 도움을 주는 쌀겨 꿀 팩. 쌀겨와 우유를 섞어 세안하는 것만으로도 천연 각질 제거제로서 훌륭한 효과를 볼 수 있다. 쌀겨와 꿀, 우유, 밀가루를 섞어 팩을 하면 촉촉하고 화사한 피부를 가꿀 수 있다. 쌀겨 2스푼과 우유 2스푼을 덩어리지지 않게 잘 섞는다. 꿀 1스푼을 더하고 밀가루를 섞어 점도를 조절한다.

녹두 요구르트 팩

녹두는 피부에 쌓인 독소를 제거하고 노폐물을 효과적으로 배출한다. 천연 각질 제거제로 사용해도 손색없는 녹두가루를 요구르트와 섞기만 하면 천연팩이 완성된다. 피로가 누적되어 칙칙해진 피부톤이 한결 맑고 깨끗해진다. 플레인 요구르트에 녹두가루를 넣어 점도를 조절하면 끝.

양배추 팩

양배추에는 피를 맑게 하는 무기질 성분이 풍부하여 기미치료에 효과적이다. 곱게 간 양배추 2스푼에 밀가루를 섞어 농도를 조절하면 된다. 밀가루는 팩의 농도를 조절하기도 하지만 미백효과도 있다는 사실.

시금치 우유 팩

시금치는 비타민과 각종 미네랄을 풍부하게 함유하고 있다. 먹는 것으로도 기미치료에 큰 효과를 볼 수 있지만 일주일에 한 번쯤 피부에 양보하는 것도 좋다. 시금치의 비오틴 성분은 각종 트러블을 제거하는 데드 효과적이다. 자극이 없어 예민한 피부에 사용하면 더욱 좋다. 깨끗이 씻은 시금치 5장과 우유 2스푼을 믹서에 곱게 갈아 밀가루를 섞는다. 비타민 E가 풍부한 올리브오일을 섞으면 유수분 밸런스를 조절할 수 있다.

오렌지 달걀 팩

오렌지의 비타민과 과일산이 기미, 잡티로 칙칙해진 피부를 화사하게 가꿔준다. 오렌지 껍질을 벗기고 과육만 거즈에 싸서 꼭 짜낸다. 오렌지즙 1스푼과 달걀노른자를 섞는다. 올리브오일을 약간만 첨가한다. 지성피부는 달걀 흰자를 사용하면 좋다. 얼굴에 바르고 15분 후 미온수로 씻어내면 된다. 오일이 남아 있는 느낌이 싫다면 폼클렌저로 가볍게 씻어내도 된다.

Color food

도자기 피부를 만드는 4가지 컬러 푸드

〈악마는 프라다를 입는다〉를 보는 내내 사람들은 앤 해서웨이가 시크한 모습으로 변하는 과정을 지켜보며 그녀가 아름답다고 얘기한다. 블로거들은 그녀가 입고 나온 명품 브랜드의 옷을 캡처해서 퍼다 나르며 '간지', '섹시', '스타일리시', '패셔니스타'를 외쳐댔다. 그러나 〈악마는 프라다를 입는다〉를 볼 때도, 〈프린세스 다이어리〉를 볼 때도 난 그녀의 빛나는 피부에 더 눈이 갔다. 머리를 아무렇게나 틀어 올리고 간지 제로인 옷을 입고 있어도 백옥 같아 창백하기까지 한 피부가 너무나 눈부셨다. "아~ 뭘 먹고 저렇게 예쁠까!" 그렇다. 피부 좋은 사람들을 보면 가장 먼저 드는 생각은 그거다. 뭘 먹을까, 뭘 먹어야 도대체 저렇게 하얗고 맑을까.

맑은 피부톤을 위한 옐로우 푸드

자몽, 단호박, 감, 귤, 울금, 오렌지, 파인애플 등 노란색을 띠는 옐로우 푸드에는 카로티노이드계 색소가 들어 있다. 이 색소는 체내 면역체계를 바로잡아주고 피부 노화를 예방하고 색소 침착을 막는 역할을 한다. 모두 화이트닝에 있어 매우 중요한 요소다.

피로회복에 효과적인 그린 푸드

브로콜리, 케일, 아스파라거스, 키위, 녹차, 오이, 시금치 등 초록색을 띠는 그린 푸드에는 엽록소가 들어 있다. 엽록소는 세포를 재생시키고 혈액 순환을 촉진시켜 피부를 환하게 가꿔준다. 매일 한 가지의 그린 푸드를 섭취한다면 화사한 피부를 약속할 수 있다.

화사한 피부를 위한 블랙 푸드

발사믹 식초, 복분자, 블랙올리브, 다시마, 검은깨, 검은콩, 붉은 양파, 블루베리, 포도 등 보랏빛 혹은 검은빛을 띠는 식품에는 안토시아닌 성분이 들어 있다. 기본적으로 암과 성인병을 예방하는 슈퍼 푸드로 널리 알려져 있다. 피를 맑게 하고 지속적인 항산화 작용을 통해 피부를 맑고 젊게 유지하는 데 도움을 준다. 소염, 살균 효과가 뛰어나 몸속 바이러스와 세균을 없애는 데도 그만이다. 익히지 않고 그대로 섭취하는 것이 좋다.

스트레스 해소를 위한 레드 푸드

파프리카, 연어, 토마토, 딸기, 당근, 오미자, 체리 등 붉은색 식품에 들어 있는 리코펜은 항산화 물질이 다량 포함되어 있다. 비타민 C가 풍부한 파프리카는 스트레스 해소, 아토피, 화이트닝에 효과적이다. 비타민 C와 B군은 간에서 활성화하는 데 최소 4~5시간이 소요된다. 매일 아침 섭취하면 하루를 활기차게 시작할 수 있다.

화이트닝 상식 제대로 알아두기

화이트닝은 고가 라인의 화이트닝 제품을 바르는 것만으로 해결되지 않는다. 좋은 음식과 규칙적인 생활습관이 완벽하게 조화를 이뤘을 때 비로소 화사한 피부톤을 얻을 수 있다. 이론상으로는 간단하다. 하지만 좀 더 부지런하고 꼼꼼한 관리를 해야 하는 것은 틀림없다. 스폿을 만드는 어떠한 외부 자극도 방심해서는 안 된다. 아, 어렵다. 칙칙한 피부가 유전이라는 얘기는 화이트닝에 대한 열의에 찬물을 확~ 끼얹는다. 사실일까? 아직도 궁금한 화이트닝에 관한 이야기들. 전문가의 어드바이스가 필요하다.

도움주신 분_ 허쉬 클리닉 정영준 원장님

Q 기미는 유전이기 때문에 예방하기도 없애기도 힘들다는데 부모님이나 형제들이 기미가 있다면 그냥 운명처럼 받아들여야 하나요? T.T

A 기미는 유전적인 요인에 의해 생길 확률이 높지만 유전보다 환경적인 요인에 따라 더 많이 더 쉽게 발생할 수 있습니다. 자외선 노출, 임신, 스트레스를 비롯해 활성산소 등으로 인해 기미가 발생하는 경우가 많습니다. 만약 기미가 생겼더라도 피부과 시술, 음식, 화장품 등으로 지속적인 케어를 해주면 충분히 효과를 볼 수 있습니다. 기미나 피부 잡티는 예방만으로도 얼마든지 발생을 억제할 수 있죠. 너무 낙담하지 마세요. 외출 시 자외선을 철저하게 차단하고 충분한 휴식과 수면을 취하며 혈액순환을 돕는 마사지와 스트레칭을 꾸준히 하세요.

Q 화이트닝 제품을 바르면 건조함을 느끼는데 건성피부가 화이트닝 제품을 계속 사용해도 좋을까요?

A "화이트닝 제품은 무조건 건조하다."라는 것은 어디까지나 선입견입니다. 대부분의 화이트닝 제품은 각질을 탈락시키고 멜라닌 색소를 없애는 기능이 있다는 생각에 건조하다고 느끼는 것입니다. 또 하나, 봄과 여름에 집중적으로 사용하기 때문에 브랜드에서는 젤이나 플루이드 타입의 산뜻한 질감의 제품을 출시합니다. 탄력제품이 리치한 질감이라면 화이트닝 제품은 산뜻한 질감이 많습니다. 단지 질감의 차이일 뿐, 피부를 건조하게 만들지는 않으니 걱정 마세요. 만약 그래도 건조하다고 느낀다면 보습케어와 함께 화이트닝 제품을 사용하세요. 최근에는 보습인자가 함유된 화이트닝 제품도 많이 출시되고 있으니 참고하길.

Q 화이트닝, 탄력, 수분라인을 섞어서 사용하고 있는데 화이트닝 효과를 보려면 전부 화이트닝 라인의 제품으로 교체해야 하나요?

A 드라마틱한 화이트닝 효과를 기대한다면 클렌징부터 전 제품을 화이트닝 라인으로 사용해야겠죠. 각 제품 간에 시너지 효과가 있을 테니까요. 하지만 모든 화장품은 약이나 연고가 아님을 기억하세요. 잡티, 스폿을 완벽하게 개선할 수 있는 화장품은 어디에도 없습니다. 최대한 예방하고 최대한 개선하는 것이 화장품이니까요. 특히 화이트닝 제품은 단기간 사용해서는 그 효과를 기대할 수 없습니다. 일시적으로 사용하는 것이 아니라 장기적으로 꾸준히 관리했을 때 최상의 효과를 볼 수 있습니다. 만약 최소한의 제품만 사용하고 싶다면 핵심 성분이 농축된 에센스를 사용하는 것이 효과적입니다.

Q 밝고 환한 피부를 만들기 위해서는 유수분 밸런스가 중요하다고 하는데 만약 유수분 밸런스가 깨지면 어떤 결과가 나타날까요?

A 피부의 수분과 유분은 7:3 정도로 유지될 때 가장 안정적입니다. 만약 이 비율이 깨지면 피부는 유분의 양을 늘려 보습력을 유지하려고 할 것입니다. 그러면 피부는 지성타입으로 변하고 모공이 막히거나 뾰루지가 생기고 안색이 칙칙해질 수 있습니다. 하루에 1~2리터 정도의 수분을 섭취해 유수분 밸런스를 유지하는 것이 중요합니다. 단, 커피나 탄산음료로 수분을 보충할 생각은 일찌감치 접는 게 좋답니다.

Whitening sense

피부
스트레스
체크리스트

내 피부는 지금 어느 정도 스트레스를 받고 있을까. 피부가 화사함과 생기를 잃고 칙칙하고 울긋불긋해질 수밖에 없는 이유들을 모았다. 몇 가지나 해당되는지 체크해보고 자신의 상태를 돌아보자. 피부는 생활습관과 마음상태만 바꿔도 얼마든지 바뀔 수 있다.

☐ 건조한 환경에서 생활한다.
☐ 자외선 노출이 빈번하다.
☐ 잠들기까지 시간이 오래 걸리고 깊은 잠을 못 잔다.
☐ 피부가 푸석푸석하고 거칠다.
☐ 식욕이 없어 잘 안 먹거나 폭식을 한다.
☐ 온몸의 근육이 긴장되고 여기저기 쑤신다.
☐ 아무리 자도 피곤하다.
☐ 쉽게 짜증이 나고 화를 잘 낸다.
☐ 자주 불안하고 초조하다.
☐ 하루에 한 번 이상 외식을 하고 인스턴트 식품을 즐긴다.
☐ 생리통이 심하다.
☐ 일주일에 한 번 이상 야근한다.
☐ 취침시간은 무조건 오후 11시를 넘긴다.
☐ 얼굴이 자주 붓는다.
☐ 일주일에 5일 이상 메이크업을 한다.

0 ~ 2개 거의 스트레스를 받고 있지 않다. 당신의 피부 컨디션은 최상에 가깝다. 환경도 안정적이고 마인드도 긍정적이다. 피부가 받는 스트레스가 낮은 상태로 앞으로도 이 상태를 쭉~ 유지할 수 있도록!

3 ~ 6개 가끔 짜증을 느끼고 살짝 피곤하긴 하지만 걱정할 상태는 아닌 듯. 잠이 안 올 때는 간단한 스트레칭을 하거나 따뜻한 물로 가볍게 샤워를 하는 것이 좋다. 카모마일이나 라벤더 티를 마시는 것도 도움이 된다. 자외선을 꾸준히 차단하고 물을 수시로 마셔 피부 수분을 잃지 않도록 주의하면 최상의 피부를 유지할 수 있다.

7 ~ 12개 피부가 스트레스를 받고 있다. 조급한 마음을 버리고 성질을 죽이도록 노력해야 한다. 짜증이나 화를 잘 내는 사람은 심장에 열이 많아 트러블 발생률이 높고 과식, 폭식의 위험도 안고 있다.

13개 이상 큰일이다. 당신의 피부 스트레스는 그야말로 최악이다. 얼굴 곳곳에 트러블이 일어나고 피부는 홍조를 띠거나 다크서클이 심하지 않은가. 전문의의 진료를 받아보거나 피부과나 에스테틱 케어를 받는 것도 도움이 된다. 마음을 편안하게 하고 스트레스를 해소할 돌파구를 찾는 것이 시급하다.

Lovely Skin 7
Hair & Body

그저 머리 잘 감고 충실하게 보디제품을 사용한다고 해서
누구나 아름다운 피부를 갖는 것은 아니다.
어떤 제품을 선택하고 어떻게 사용하느냐에 따라
피부와 머릿결이 그야말로 하늘과 땅 차이가 될 수 있다.

"머리부터 발끝까지 핫이슈!"까지는 바라지도 않는다. 그저 매끄럽게 빛나는 피부를 갖는 것만으로도 완전 '땡큐'다. 겨울에 외출하고 돌아와 스타킹을 벗으면 집안에 때 아닌 눈이 내리고 블랙 재킷을 입고 외출한 날이면 누군가 뒤에 서는 것조차 심하게 짜증스럽고 부담스러울 때가 있을 것이다. 회식 날은 또 어떠한가. 신발 벗는 고기집이라도 가는 날이면 단단히 준비해야 한다. 제일 늦게 신발을 벗고 총알같이 구석자리를 차지해야 되는 초난감 상황. 관리를 안 한, 아니 잘못한 책임은 고스란히 당신이 감수해야 할 몫이다.

그저 머리 잘 감고 충실하게 보디제품을 사용한다고 해서 누구나 아름다운 피부를 갖는 것은 아니다. 어떤 제품을 선택하고 어떻게 사용하느냐에 따라 피부와 머릿결이 그야말로 하늘과 땅 차이가 될 수 있다.

무턱대고 고가의 샴푸를 사용할 일도, 최고급 천연 보디케어 제품을 사들일 일도 아니다. 일단 자신의 처지부터 알아야 한다. 내 두피의 상태, 내 보디의 상태, 그리고 킬힐에 시달린 내 발의 상태부터 체크하자.

머리부터 발끝까지 빛나는 피부 가꾸기

두피, 모발 상태를
알아야 머릿결이 산다

라인별로 뭐가 그리 복잡한지 마트에서 샴푸 하나 고르려면 대략 난
감이다. 헤어숍에서 추천하는 샴푸를 쓰거나 쓰던 샴푸를 계속 쓴다
면 복잡하지 않지만 가끔 더 좋은 샴푸가 없을까 고민할 때가 있다.
그럴 때면 주변 지인들에게 묻는다. 샴푸를 고를 때 무엇을 기준으
로 고르느냐고. 크게 두 가지로 나뉜다. 모발 타입과 향기. 어찌 보
면 별 문제가 없어 보인다. 하지만 샴푸가 닿는 두피도 엄연한 제2
의 피부다. 얼굴에 바르는 화장품은 이것저것 비교해가며 잘도 고르
면서 매일 쓰는 샴푸는 '1+1'이나 향기, 모발의 타입만으로 고르는
경우가 적지 않다. 제발 두피의 상태, 모발의 상태부터 체크하고 좀
더 깐깐하게 고르길 바란다.

Hair type test

모발상태 체크리스트

손상 모발

모발이 손상되었다는 것은 모발 구성 성분에 이상이 생겼다는 것. 모발의 유수분 밸런스가 깨져 푸석해지는 것이 손상 모발의 대표적인 케이스다. 손상 모발은 샴푸의 적절한 세정력도 중요하지만 유수분을 동시에 공급하고 손상된 큐티클층을 보호하는 성분을 함유해야 한다. 체크리스트 항목 중 3가지 이상 체크된다면 손상 모발일 가능성이 크다.

☐ 드라이어나 매직기를 매일 사용한다.

☐ 펌이나 염색 등의 시술을 2~3개월에 한 번씩 한다.

☐ 모발에 윤기가 없고 탄력도 느껴지지 않는다.

☐ 모발 끝이 갈라지고 잘 끊어진다.

☐ 자외선에 많이 노출된다.

☐ 트리트먼트나 린스를 사용하지 않으면 빗질이 힘들다.

중·건성 모발

사실 모발에 큰 이상이 없는 대부분의 사람들이 샴푸를 선택할 때 기준이 되는 타입이다. 오로지 세정이라는 샴푸의 목적에만 충실한 타입. 두피와 모발의 적절한 pH 밸런스를 유지해야 하고 너무 강하지 않은 세정력을 가지고 있어야 한다. 하지만 지성 두피나 비듬성 두피로 변화될 가능성이 있으니 항상 두피 상태를 체크할 것. 3가지 이상 해당되면 중·건성 모발일 가능성이 높다.

☐ 염색이나 펌 시술은 1년에 2회를 넘지 않는다.

☐ 트리트먼트나 린스를 하지 않아도 모발이 부드럽다.

☐ 환절기에는 정전기가 심한 편이다.

☐ 전체적으로 모발이 건강한 편이다.

☐ 머리를 묶었다 풀어도 자국이 오래가지 않는다.

☐ 드라이를 하면 컬이 오래 유지된다.

두피상태 체크리스트

지성 두피

두피에 과다한 피지분비로 모공이 막혀 탈모나 염증으로 이어지기 쉬운 타입. 유분기가 많은 샴푸보다 촉촉한 느낌의 샴푸를 선택할 것. 계면활성제가 들어간 샴푸는 두피의 유분을 빼앗아 유수분 밸런스를 깨고 더 많은 피지를 분비하게 할 수 있으니 주의해야 한다. 3가지 이상 해당되면 지성 두피에 가깝다.

- ☐ 샴푸할 때 머리카락이 많이 빠진다.
- ☐ 샴푸할 때 거품이 잘 나지 않는다.
- ☐ 샴푸 후 5시간 이상 지난 뒤 두피를 만지면 유분기가 묻어난다.
- ☐ 두피에 종종 뾰루지나 염증이 생긴다.
- ☐ 평소 땀과 열이 많다.
- ☐ 머리를 감고 시간이 흐르면 머리에서 약간 냄새가 난다.

비듬 · 문제성 두피

말 그대로 두피에 비듬이 생기는 타입. 비듬은 크게 두 가지로 나뉜다. 건조한 두피에서 발생하는 눈처럼 어깨에 내리는 비듬과 지성 두피에서 발생하는 끈끈한 비듬. 건조한 비듬은 수분을 공급허주고 지성 비듬은 딥 클렌징을 해야 한다. 비듬 두피용 항진균제 성분의 약용 샴푸를 선택하는 것이 좋다. 3가지 이상 해당되면 비듬 · 문제성 두피에 가깝다.

- ☐ 두피가 자주 가렵다.
- ☐ 염증, 짓무름 등의 트러블이 자주 나타난다.
- ☐ 비듬이 눈에 보일 정도로 일어난다.
- ☐ 두피에 탄력이 없다.
- ☐ 두피의 컬러가 누렇고 탁하다.
- ☐ 모발에 탄력이 없거나 감고 나서도 금방 기름기가 흐른다.

샴푸, 타입에 따라 제대로 골라 쓰는 법

자신의 모발과 두피 타입을 선택했다면 어떤 제품을 고르고 어떻게 샴푸를 해야 하는지 알아야 한다. '샴푸를 어떻게 하다니? 그냥 물 적시고 거품내고 헹구면 끝이지.'라고 생각하는 사람들이 분명 있을 것이다. 하지만 명심하고 또 명심해야 한다. 피부를 가꾸듯 두피와 모발도 가꿔야 한다. 정성들여 마사지를 하고 샴푸를 해야 두피도 건강하고 머릿결도 예뻐진다. 얼굴에 바르는 화장품만 이렇게 저렇게 마사지하고 흡수시킬 생각하지 마라. 두피와 모발에도 관심이 필요하다.

모발 타입에 따른 관리요령

손상 모발

손상 모발의 경우 순한 약산성 샴푸가 좋다. 매일 머리를 감기보다 이틀에 한 번 정도로 샴푸 횟수를 줄일 것. 두피의 유분을 매일 씻어내면 건조한 두피가 되고 모발 손상이 더욱 악화될 수 있다. 매일 브러싱도 잊지 말자. 두피의 유분이 모발 끝까지 내려오도록 브러싱하면 좋다. 외출 시 자외선 차단 스타일링제의 사용도 모발을 보호할 수 있으니 참고할 것.

중 · 건성 모발

중 · 건성 모발은 정전기가 심하다. 그래서 오염물질이 모발에 달라붙기 쉽다. 반드시 샴푸 전에 브러싱을 해야 한다. 불순물이 좀 더 쉽게 세정될 수 있다. 환절기나 건조한 날씨에는 모발에도 수분을 보충해야 한다. 일주일에 2회 이상은 트리트먼트를 통해 모발에 수분을 공급하는 것이 좋다.

두피 타입에 따른 관리요령

지성 두피

지성 두피는 한마디로 기름기가 많은 머리다. 하루에 2번 샴푸하는 것도 괜찮다. 하지만 샴푸할 때 절대 두피를 자극해서는 안 된다. 벅벅 감다 보면 두피에 상처가 생길 수 있고 염증으로 이어질 수 있다. 손톱이 아닌, 손가락을 이용하고 실리콘 브러시를 사용해도 좋다. 샴푸는 반드시 밤에 할 것. 하루 종일 피지와 먼지 등으로 오염된 두피와 모발은 반드시 클렌징이 필요하다. 머리카락이 얼굴에 닿으면 트러블을 일으킬 수도 있다. 일주일에 적어도 한 번씩은 스팀 타월로 두피 모공을 열고 딥 클렌징이나 스케일링 제품을 사용하는 것도 좋다. 너무 뜨거운 물로 샴푸하는 것은 피하고 헹굼은 반드시 찬물로 할 것. 스타일링 제품은 유분이 많기 때문에 되도록 피하는 것이 좋다.

비듬 · 문제성 두피

건성 비듬은 어깨 위로 눈처럼 우수수 떨어지는 비듬이다. 건조한 두피에서 각질층이 일어나 떨어지는 현상이다. 건성 두피의 원인은 스트레스, 피지 분비의 부족, 잦은 펌과 염색으로 인한 자극, 냉난방으로 건조한 실내 환경 등을 들 수 있다. 건조해진 각질층에 유수분을 공급하는 것이 가장 좋다. 샴푸 전 헤어 크림, 오일 등으로 가볍게 마사지하면 좋다. 건성 비듬이 깔끔한 인상을 주지 못한다고 생각하지만 지성 비듬의 경우 문제가 더욱 심각하다. 크고 끈끈한 지성 비듬은 모발에 붙어 잘 떨어지지도 않는다. 미지근한 물로 샴푸하고 지성용 샴푸나 비듬용 샴푸로 이중 샴푸한다. 비듬 두피용 항진균제 성분의 약용 샴푸를 사용하는 것이 좋은데 대부분 징크피리티온이라는 비듬 방지제가 들어 있다.

건강한 두피를 만드는
10가지 습관

건강한 두피에서 건강한 모발이 시작된다. 두피가 건강하지 않으면
탈모, 염증, 모발손상 등이 일어날 수 있으며 푸석푸석하거나 기름
기 좔좔 흐르는 모발로 고민할 수밖에 없다. 미리미리 익혀두는 건
강한 두피 만드는 생활습관. 어려운 건 아무것도 없다. 오히려 좀 더
환하고 탱탱하게 보이려고 가지가지 챙겨 발라야 하는 화이트닝 케
어나 탄력 케어보다 훨씬 쉽다.

10 habits for
healthy scalp

1. 축축한 두피는 절대 금물

물기가 남아 있는 습한 두피는 모근에 악영향을 준다. 또 휴지기를 앞당겨 한꺼번에 더 많은 모발이 빠지도록 한다. 땀과 피지 분비로 지저분해지기 쉬운 여름철 두피는 적당히 건조하고 청결한 상태를 유지해야 한다. 머리 감은 뒤 자연바람으로 두피까지 완전히 갈릴 것.

2. 비 맞은 머리는 최대한 빨리 감기

환경오염이 날로 심각해지는 요즘. 빗속에는 각종 대기 오염물질이 포함되어 있다. 비로 머리가 젖으면 대기 오염물질이 두피의 피지 배출을 어렵게 한다. 뿐만 아니라 습해진 두피는 박테리아가 번식하기 좋은 환경이 되어 비듬과 탈모로 이어질 수 있다. 젖은 머리는 가급적 빨리 감고 말려야 한다.

3. 두피와 모발도 자외선 차단

강렬한 햇빛은 피부뿐 아니라 두피와 모발에도 상처를 남긴다. 자외선은 모발의 멜라닌 색소를 파괴해 탈색을 유발하고 수분을 빼앗아 두피를 건조하게 만든다. 헤어 전용 자외선 차단제를 이용하거나 모자, 양산으로 자외선을 완벽하게 차단해야 한다.

4. 모발 건강에 도움을 주는 음식

참치, 시금치, 현미, 치즈 등은 두피의 혈액순환과 신진대사를 촉진해 모발의 성장을 돕는다. 또 다시마, 미역, 우유, 검은콩, 검은깨, 석류 등도 요오드와 미네랄, 단백질이 풍부해 모발 건강과 탈모 방지에 도움을 준다. 삼겹살이나 인스턴트 식품, 버터, 생크림 등은 동물성 기름이 많아 두피에 피하지방을 쌓이게 해 모공을 막는다. 가급적 피하는 것이 좋다. 하루 1.5리터 이상의 물을 마시고 녹차를 함께 마시는 것도 탈모 예방에 도움을 준다.

5. 머리는 저녁에 감기

촉촉하게 젖은 머리로 등교하거나 출근하는 여성들이 많다. 은은하게 샴푸 향기를 풍길 수 있는 아침도 좋지만 두피의 건강을 생각한다면 저녁에 감는 것이 좋다. 하루 종일 두피에 쌓인 먼지와 피지를 깨끗하게 닦고 하루를 마감하는 것이 두피 건강에 훨씬 이롭다. 오염물질이 가득한 모발을 베개에 문지르고 얼굴에 닿게 하고 잠들면 피부에도 해롭다는 사실. 반드시 저녁에 머리를 감고 완전히 말리고 잠자리에 들자.

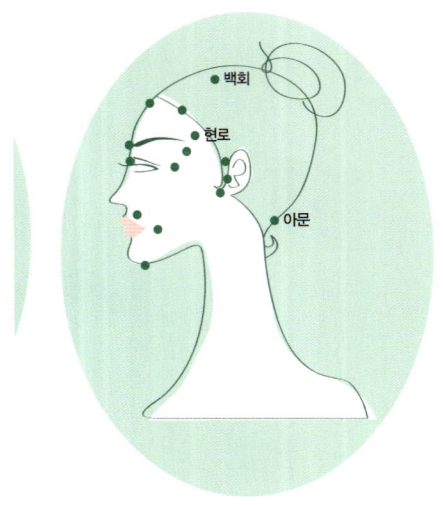

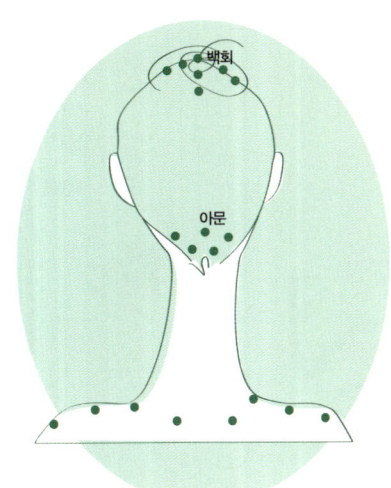

Lovely skin Info.

두피 혈액순환을 돕는 지압점

백회 : 정수리 부분. 양손의 중지와 약지, 네 손가락을 이용
해 3초 정도 누르면 두통, 혈액순환, 두피의 영양 공급에
효과적이다.
현로 : 관자놀이. 양손의 중지와 약지, 네 손가락을 이용해
3초 정도 누르면 편두통, 치통, 스트레스를 완화한다.
아문 : 두개골 아래 정중앙. 양손의 중지를 이용해 3초 정
도 누르면 두통에 효과적이다.

6. 충분한 수면

수면시간이 부족하면 피부에 해롭다는 사실은 앞에서도 여러 번 얘기
했다. 두피도 엄연한 피부다. 수면시간이 부족하면 모근에 충분한 영양
을 공급할 수 없으므로 충분히 잠을 자는 게 좋다. 잠들기 전 두피와 어
깨 마사지로 혈행을 원활하게 하는 것도 도움이 된다.

7. 올바른 샴푸방법

뜨거운 물보다는 미지근한 물을 사용한다. 샤워기보다는 세숫대야를
사용해 샴푸하는 것이 두피건강에 훨씬 이롭다. 심장보다 낮게 머리를
숙이면 머리 쪽의 혈액순환이 원활해지기 때문이다. 손바닥에서 거품
을 낸 모발과 두피에 바르고 손톱이 아닌 손가락을 이용해 마사지한다.
머리 뒤쪽부터 앞부분까지 원을 그리며 자극 없이 샴푸한다. 샴푸 시간
은 2~3분 정도가 적당하다.

8. 트리트먼트 방법

트리트먼트나 린스는 깨끗이 헹굴 자신이 있을 때만 사용하자. 모발의
손상이나 건조를 방지하기 위해 사용하는 제품으로 더욱 자극받을 수
있기 때문이다. 트리트먼트는 일주일에 2~3회 정도 하는 것이 좋다. 샴
푸 후 린스를 사용한 다음 트리트먼트를 하면 이미 코팅된 모발 위에 트
리트먼트를 사용하는 것이므로 효과를 보기 어렵다. 샴푸와 트리트먼트
만 사용하거나 샴푸, 트리트먼트, 린스의 순으로 사용하는 것이 맞다.

9. 모발 건조

머리를 감은 뒤 오랜 시간 수건을 쓰고 있거나 말리지 않고 그대로 잠
자리에 들면 박테리아가 생기기 쉽다. 빠른 시간에 건조하기 위해 드라
이어를 사용한다면 뜨거운 바람이 아닌 찬바람을 이용할 것. 드라이어
의 열은 두피와 모발에 매우 자극적이다. 가장 좋은 방법은 머리끝부터
수건으로 감싸 비비지 말고 톡톡 두드리며 자연바람에 말리는 것이다.

10. 올바른 브러싱

브러싱은 두피의 혈행을 자극해서 모근을 튼튼하게 한다. 두피케어에
있어 가장 기초적인 단계다. 끝이 둥근 브러시를 이용해 수시로 브러싱
하는 것이 두피건강에 좋다. 플라스틱보다는 천연모, 나무, 실리콘 등
의 재질이 두피에 자극을 주지 않는다. 샴푸하기 전에는 반드시 브러싱
을 해야 하고 샴푸 후 젖은 모발에는 절대 브러싱하지 말아야 한다. 모
발 손상의 직접적인 원인이 된다.

Premium body line

매끄러운 명품 보디 만들기

값비싼 스파의 황제 패키지, 에스테틱의 A코스 마사지, 클레오파트라의 산양유 목욕, 그리고 〈위기의 주부들〉의 테리 해처가 즐기는 와인 목욕을 해야 피부가 좋아지는 것은 아니다. 사실 그런 방법으로 피부를 관리하는 이들은 극소수다. 그러나 일상에서 피부 관리를 할 수 있는 방법은 얼마든지 있다. 샤워기 물의 온도를 조금 낮추는 것부터 보디클렌저를 바를 때 부드럽게 마사지하는 것. 이렇게 아무 것도 아닌 습관이 쌓이다 보면 결국 좋은 피부를 만들 수 있다.

샤워만 잘해도 피부가 촉촉해진다.

샤워 전에 물 한 잔을 마셔보자. 노폐물을 쉽게 배출시키는 효과가 있다고 한다. 샤워할 때는 심장에서 먼 부위부터 물을 묻힌다. 물의 온도가 너무 뜨거우면 피부가 탄력을 잃고 천연보습막이 파괴된다. 반대로 너무 차가우면 모공이 수축되어 노폐물이 깨끗하게 닦이지 않으니 38~42도를 유지할 것. 적당히 따뜻한 온도면 된다. 보디 스크럽 제품은 일주일에 한두 번, 피부 상태에 따라 적당히 사용하는 것이 좋다. 손에 적당량을 덜어 자극을 주지 않을 정도로 부드럽게 원을 그리며 마사지한다. 각질이 별로 없거나 예민한 피부는 팔꿈치와 무릎 정도만 간단하게 스크럽한다. 스크럽이 끝나면 클렌징에 들어간다. 비누보다 보디클렌저를 사용하면 피부 건조를 잘 막을 수 있다. 클렌저를 깨끗이 닦아내고 샤워기의 수압을 최고로 높여 발바닥, 다리, 팔, 배, 가슴, 엉덩이 순으로 마사지하면 혈액 순환을 도와 탄력 있는 피부로 가꿀 수 있다. 마지막 헹굼은 탄력 있는 피부를 위해 찬물로 한다.

보디제품만 잘 발라도 피부가 매끄럽다.

보디크림은 샤워 후 3분 이내에 바르도록 한다. 혈액순환을 원활히 시킨 피부는 따뜻하기 때문에 평소보다 수분이 더 빨리 날아간다. 피부가 건조할 때 보디제품을 바르는 것보다 촉촉할 때 바르는 것이 효과적이다. 건조한 피부는 샤워 후 물기가 있는 상태에서 보디오일을 바르고 부드럽게 마사지하면 유분막이 형성되면서 피부 수분을 보다 오래 잡아둘 수 있다. 팔, 종아리, 허벅지, 엉덩이, 몸통 순으로 원을 그리듯 둥글게 마사지한다. 엉덩이는 아래에서 위로 쓸어 올리고 몸통은 안에서 밖으로 원을 그린다. 허벅지와 종아리를 마사지하면 셀룰라이트 제거 효과도 있다.

스트레칭, 물, 과일만 있으면 보습은 끝이다.

촉촉한 피부를 만들기 위해 꼭 필요한 3가지. 하루 1.5리터 이상의 수분 섭취는 혈액 순환을 도와 피부에 생기와 탄력을 주고 피부 건조를 막아준다. 샤워를 마치고 잠자리에 들기 전 간단한 스트레칭은 혈액순환을 도와 신진대사를 높인다. 이렇게 가벼운 스트레칭만으로도 숙면을 취할 수 있다. 또 건조한 공기는 피부 수분을 빼앗아간다. 가습기를 틀거나 젖은 수건을 널어 방안 습도를 조절하면 좋다. 과일 역시 피부 수분을 지키는 데 큰 몫을 한다. 각종 비타민과 미네랄이 풍부한 과일을 많이 섭취하는 것도 촉촉한 피부를 만드는 데 도움을 준다.

우유와 꿀은 최고의 모이스처라이저다.

세상 어떤 모이스처라이저도 소용없다고 절망하기엔 이르다. 우유와 꿀만 있다면 촉촉함을 지킬 수 있다. 물론 클레오파트라처럼 전신목욕을 한다면 좋겠지만 주머니 사정상 패스. 차가운 우유를 화장솜에 묻혀 유난히 건조한 부위에 10분간 붙여둔다. 온몸이 버석버석 건조하다면 깨끗한 긴 소매 면티(얇으면 좋다)를 우유에 적셔 그대로 입고 있으면 된다. 모양새가 좀 우습지만 우유 500밀리리터면 완벽히 커버할 수 있다. 하체도 같은 방법으로 하면 된다. 우유의 수분과 단백질이 촉촉하고 윤기 나는 피부결을 만들어준다. 피부의 붉은기를 완화하고 각질제거 효과까지 있으니 그야말로 모이스처라이저계의 최고봉이라 할만하다. 꿀 역시 보습제로 둘째가라면 서러울 만큼 최고의 효과를 지닌다. 건조한 부위에 꿀을 얇게 펴 바르거나 보습팩을 만들어 사용해도 좋다.

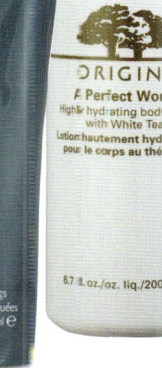

Foot care

지친 내 발에 주는
최고의 선물, 풋케어

여름 내내 글래디에이터 슈즈와 킬힐에 만신창이가 된 발. 하루쯤은
불쌍한 발을 위해 대접 한 번 제대로 해주자. 지금 발이 가장 원하는
호사는 100만원을 호가하는 크리스찬 루부탱 펌프스를 신는 것도
아니고 마놀로블라닉 뱀피 샌들을 끼워보는 것도 아니다. 당신의 애
정 어린 손길에서 비롯되는 홈 케어만 있다면 우리의 착한 발은 최
고의 호사로 알고 착하게 예뻐질 테니까.

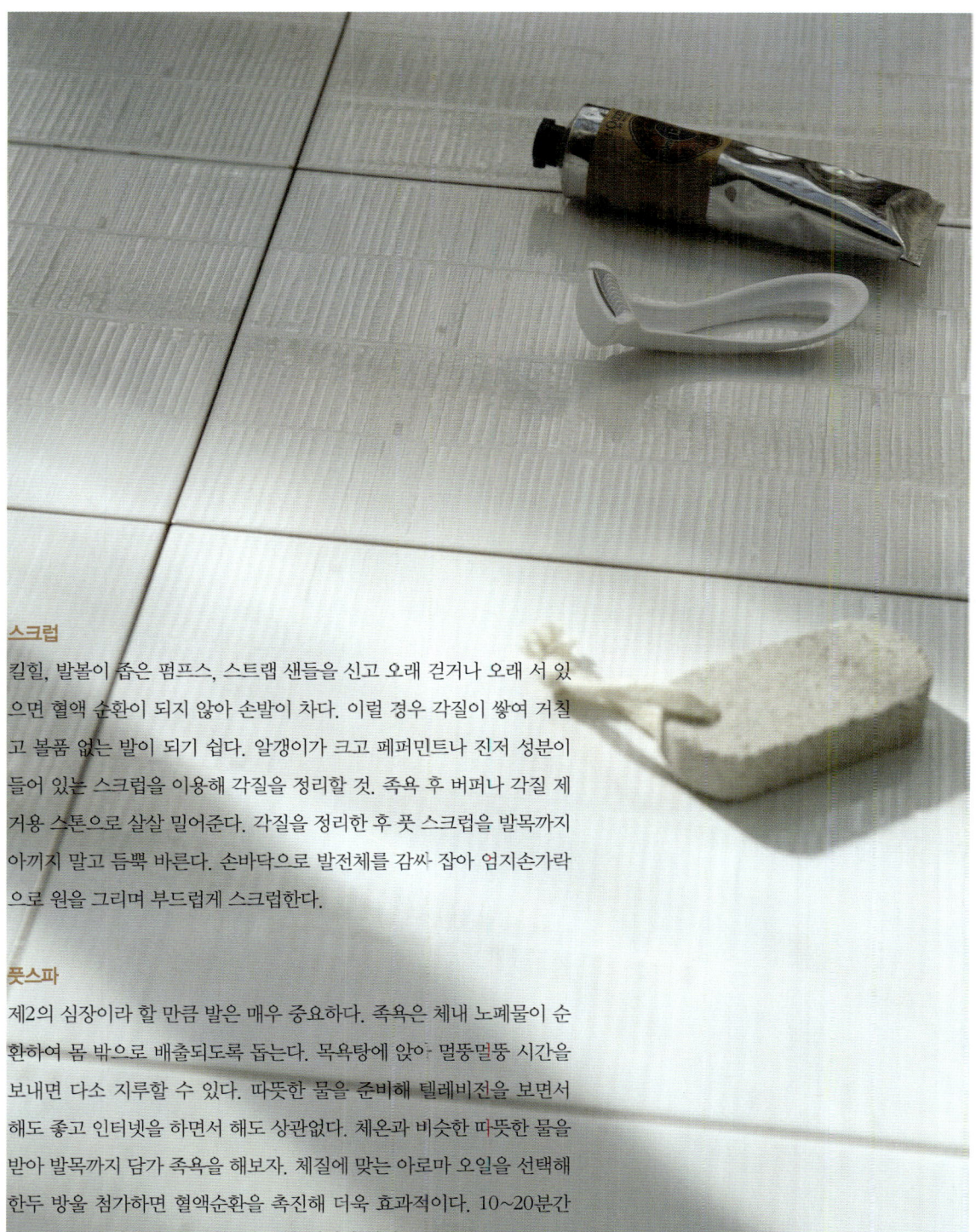

스크럽

킬힐, 발볼이 좁은 펌프스, 스트랩 샌들을 신고 오래 걷거나 오래 서 있
으면 혈액 순환이 되지 않아 손발이 차다. 이럴 경우 각질이 쌓여 거칠
고 볼품 없는 발이 되기 쉽다. 알갱이가 크고 페퍼민트나 진저 성분이
들어 있는 스크럽을 이용해 각질을 정리할 것. 족욕 후 버퍼나 각질 제
거용 스톤으로 살살 밀어준다. 각질을 정리한 후 풋 스크럽을 발목까지
아끼지 말고 듬뿍 바른다. 손바닥으로 발전체를 감싸 잡아 엄지손가락
으로 원을 그리며 부드럽게 스크럽한다.

풋스파

제2의 심장이라 할 만큼 발은 매우 중요하다. 족욕은 체내 노폐물이 순
환하여 몸 밖으로 배출되도록 돕는다. 목욕탕에 앉아 멀뚱멀뚱 시간을
보내면 다소 지루할 수 있다. 따뜻한 물을 준비해 텔레비전을 보면서
해도 좋고 인터넷을 하면서 해도 상관없다. 체온과 비슷한 따뜻한 물을
받아 발목까지 담가 족욕을 해보자. 체질에 맞는 아로마 오일을 선택해
한두 방울 첨가하면 혈액순환을 촉진해 더욱 효과적이다. 10~20분간
하는데 물이 식으면 따뜻한 물을 보충해줘야 한다.

발 마사지

발 지압점을 자극하면 순환이 촉진된다. 피로가 누적된 발은 간단한 마사지로도 피로가 풀리는 효과를 얻을 수 있다. 마사지 스틱이 있으면 좋지만 끝이 둥글고 잡기 편한 도구를 이용하면 된다. 족욕 후 피로가 풀린 발을 주물러준다. 엄지손가락이나 마사지도구를 이용해 발등 위 발가락 갈라지는 부분을 하나하나 긁으며 자극해준다. 발바닥은 피로가 가장 많이 쌓이는 부분을 자극해주면 된다. 발바닥의 움푹 들어간 용천부를 손가락이나 마사지 도구로 긁거나 눌러보자. 마사지를 할 때 보디오일이나 마사지 밤을 이용하면 효과적이다.

스페셜 케어

잠들기 전 깨끗이 발을 씻고 뜨거운 타월로 2~3분간 발을 감싼다. 타월이 너무 뜨거우면 화상을 입을 수 있으니 주의할 것! 타월을 벗기고 보습, 재생력이 뛰어난 풋 케어 제품을 충분히 바른다. 굳은살이나 각질이 심하면 위생 비닐을 신고 그 위에 양말을 신으면 된다. 그대로 잠들어도 좋고 답답하면 1시간 후 벗어도 된다. 단, 외출 직전에는 스페셜 케어를 삼간다. 발이 퉁퉁 부어 신발이 맞지 않거나 각질이 도드라져 보일 수 있다.

Allergic skin care

아토피, 알레르기성 피부 케어

전문가들에게 자문을 구하며 아토피와 알레르기성 피부가 체질을 바꾸는 것 외엔 뾰족한 방법이 없다는 사실을 다시 한 번 확인하게 되었다. 이번 책에 "꼭 금속 알레르기에 대한 해결책을 보여주세욧!" 하며 〈슈렉〉에 등장하는 '푸스' 처럼 그렁그렁한 눈망울로 바라보던 그녀가 생각나 내내 가슴이 쓰렸다. 하지만 이 세상의 모든 아토피, 알레르기성 피부를 가진 이들에게 아직 희망은 있다. 좋은 음식을 먹고 생활습관을 바꾸면 체질이 바뀔 수 있고 증상이 완화될 수 있다는 것. 뭘 먹고 어떻게 생활해야 체질을 바꿀 수 있는지 알아보자.

아토피성 피부염_ 된장, 흰살 생선

아토피성 피부염 환자는 음식을 각별히 주의해야 한다. 열이 나는 음식, 자극적인 음식, 인스턴트 음식은 무조건 피해야 한다. 열이 나는 음식의 대표적인 것은 술. 술을 마시면 체온이 상승하면서 땀과 열이 난다. 땀으로 인해 세균이 피부로 침투할 수 있기 때문에 절대 피해야 한다. 피부 온도가 올라가면 전체적으로 피부도 건조해진다. 그럼 피부 보호막이 사라져 염증이 더욱 악화될 수 있다. 만약 어쩔 수 없이 술을 마셔야 할 상황이라면 안주를 선택할 때 맵고 짠 음식, 인스턴트 음식은 제외시켜라. 된장국이나 된장찌개 등 된장이 들어간 음식을 먹는 것이 좋다. 된장이 자극 없이 몸의 열을 내려주기 때문이다. 흰살 생선을 먹는 것도 큰 도움이 된다.

금속 알레르기_ 투명 매니큐어

손목시계, 실버, 골드, 심지어 청바지의 단추에도 붉어지는 피부. 아마도 의상에 따라 액세서리로 센스 있는 코디를 꿈꾼 지 오래 되었을 것이다. 사실 금속 알레르기를 완치할 수 있는 해결책은 없다고 한다. 다만 백금, 스테인리스 스틸 주얼리는 알레르기를 유발하지 않는다고 하니 참고할 것. 금속 알레르기는 건조한 겨울보다 습한 여름에 더 많이 발생한다. 금속 성분이 습기에 녹아 피부와 접촉하기 때문이다. 따라서 여름엔 액세서리 착용에 더욱 주의해야 한다. 그래도 액세서리를 포기하고 싶지 않다면 투명 매니큐어를 사용할 것. 피부와 닿는 부위에 바르면 알레르기 유발을 막을 수 있다. 청바지의 단추도 마찬가지다. 배에 닿는 부분은 투명 매니큐어를 바르거나 반창고 등을 붙여놓으면 된다. 만약 이미 금속 알레르기가 발생해 가렵고 붉게 발진이 생겼다면 약국에서 하이드로 코르티손이 함유된 연고를 구입해 바르면 된다.

켈로이드성 체질_ 트리암시놀론 주사

켈로이드는 아주 작은 상처라 해도 아물면서 진하고 볼록한 상처가 남는 현상이다. 흔히 체질로 구분되고 유전적인 성향이 강하기는 하지만 아직 정확한 원인은 알 수 없다. 근본적으로 켈로이드성 체질을 일반 체질로 바꾸는 것은 어렵고 켈로이드로 인해 나타난 상처를 치료하는 방법은 몇 가지가 있다. 그중 트리암시놀론(Triamcinolone Acetonide)이란 약물을 병변에 주사하는 방법이 있다. 1회 주입을 통해 개선이 되는 경우는 거의 드물고 경과를 관찰하며 추가로 약물을 주입한다. 트리암시놀론 주사는 콜라겐의 생성을 억제하고 분해를 촉진시켜 붉게 솟은 것을 살색과 같고 편평하게 만들어 주는 역할을 한다. 주사약이 들어가면 통증이 심하지만 주사를 맞은 이후에 통증이나 가려움이 적어지면서 상처가 호전된다.

도움주신 분_ 허쉬 클리닉 정영춘 원장님

집에서 스파 100배 즐기기

가끔 스트레스를 풀기 위해 찾는 스파. 입구에 들어서는 순간 은은한 아로마 오일 향이 코끝을 자극한다. 조도가 낮은 은은한 조명, 곳곳을 밝힌 아로마 향초, 온 공간을 꽉 채운 에센셜 오일 향기는 몸이 푹~ 꺼지는 편안한 소파에 앉은 것 같은 느낌이 들게 한다. 그래서 가끔은 일을 마치고 집에 들어가면 스파에 온 듯 편안한 휴식이 그리울 때가 있다. 그래서 터득한 집안에서 스파의 향기를 느낄 수 있는 오일 한 방울의 힘을 공개한다.

집안 전체에 **향기 퍼트리는 방법**

집안 전체에 은은한 아로마 오일 향기를 퍼트리고 싶다면 주전자에 물을 끓인다. 팔팔 끓을 정도가 아닌 백 원짜리 만한 기도가 한두 방울 올라오기 시작할 때 불을 끄면 적당한 온도가 된다. 심신의 상태에 따라 선택한 아로마 오일 한두 방울을 주전자에 떨어뜨리면 은은한 향기가 집안 전체에 퍼진다. 혼자 음미하고 싶다면 손수건에 한 방울 떨어뜨려 흡입하면 된다.

아로마 오일 선택 노하우

그레이프프루트(Grapefruit) 달콤하면서도 날카롭고 산뜻한 향. 스트레스를 해소하고 우울증에 도움이 된다. 부종을 없애고 생리전증후군이나 편두통 치료에도 효과적이다.

네롤리(Neroli) 달콤하고 톡 쏘는 향을 가지고 있다. 우울증이나 불면증, 불안, 두통 등을 개선시킨다. 특별한 주의사항 없이 비교적 안전하게 사용할 수 있다.

라벤더(Lavender) 깨끗하고 상쾌한 꽃향기가 특징. 가정의 상비오일로 사용될 정도로 여러 가지 효능을 가지고 있다. 진정 작용이 뛰어나고 우울증, 불면증, 두통, 편두통 등에 효과적이다. 임신 중에는 사용하지 않도록 주의한다.

레몬그라스(Lemongrass) 이름처럼 신선한 레몬향을 가지고 있다. 향기보다 피부 트러블의 힐링 효과를 기대할 수 있는 오일이다. 여드름, 무좀, 마른버짐을 개선하고 모공축소를 돕는다. 지성두피를 가진 사람이 모발 관리에 사용하면 좋다. 피부가 예민하게 반응하므로 소량만 사용하는 것이 좋다.

로즈(Rose) 우아한 장미향. 여성 관련 증상이나 질병치료에 효과적이고 우울증이나 수면장애, 스트레스 치료에 탁월하다. 생리 조절 기능이 있으므로 임신 중에는 사용을 금한다.

How to enjoy spa

로즈메리(Rosemary) 톡 쏘는 시원하고 상쾌한 향. 향기만으로도 기분이 좋아지지만 부기를 가라앉게 하고 피부 청결을 유지하는 데도 효과적이다. 비듬이나 두피의 가려움, 탈모방지에 좋다. 임산부, 고혈압 환자, 간질 환자는 절대 사용금지.

마조람(Marjoram) 부드럽고 달콤한 향. 안정, 진정 효과가 뛰어나 불면증에 효과적이다. 기침, 감기, 천식, 기관지염, 편두통, 관절염 등에도 효과적이다. 많은 양을 사용할 경우 졸음이 온다.

만다린(Mandarin) 독하거나 자극적이지 않고 부드럽고 우아한 향을 풍긴다. 불면증이나 우울증 등의 신경과민을 개선한다. 아이가 있는 집에서 사용해도 무난한 에센셜 오일.

유칼립투스(Eucalyptus) 신선하고 날카로우면서 톡 쏘는 향을 가지고 있다. 축 늘어진 기분을 업 시켜주는 오일. 천식으로 인한 호흡곤란과 바이러스 치료제로 잘 알려져 있다. 종기나 여드름에도 탁월한 효과가 있다. 하지만 고농도로 사용할 경우 혈관으로 스며들면 신장을 자극할 수 있으니 반드시 희석해서 쓸 것.

재스민(Jasmine) 상쾌하고 이국적인 느낌의 깊고 달콤한 향. 불안, 우울, 무기력증을 해소하고 피부탄력을 강화한다. 최면 작용이 있어 집중력을 방해할 수 있다. 소량만 사용하고 임신 기간에는 사용을 금한다.

로만 캐모마일(Roman Chamomile) 가볍고 날카로운 사과향을 지녔다. 다양한 치료효과가 있으며 특히 어린이에게 적합한 오일이다. 심신을 진정시켜 이완작용을 돕고, 불안감과 스트레스를 억제한다.

페퍼민트(Peppermint) 가볍고 깨끗하며 신선한 향을 가지고 있다. 심신에 활력을 주고 소화기관을 강화시키는 오일로 방충제로도 쓰인다. 두통, 편두통을 해소하고 가려움증이나 불면증 치료에도 좋다. 반드시 희석해서 사용하고 흡입할 때는 눈을 가리고 한다. 간질 환자나 신경성 환자는 사용을 금한다.

Lovely skin Info.

피부 타입별 추천 아로마 오일

보디오일을 사용하거나 입욕 시 희석해서 사용할 수 있는 아로마 오일. 피부 타입에 따라 선택할 수 있다. 단, 에센셜 오일의 종류에 따라 임산부가 사용하면 안 되는 오일. 과다사용하면 부작용이 있는 오일이 있으니 사용 전 꼭 체크할 것.

피부 타입	아로마 오일	힐링 효과
여드름 피부	로만 · 저먼 캐모마일, 제라늄, 라벤더, 만다린, 팔마로사, 패츌리, 로즈메리, 로즈우드, 샌달우드, 티트리, 일랑일랑	항염, 항균, 진정
지성 피부	사이프러스, 제라늄, 재스민, 라벤더, 만다린, 팔마로사, 패츌리, 로즈메리, 로즈우드, 샌달우드, 클라리세이지, 티트리, 일탕일랑	피지조절, 수렴, 항지루성
알레르기 피부	로만 · 저먼 캐모마일, 샌달우드, 라벤더	진정, 항알레르기, 정화
생기 없는 피부	제라늄, 그레이프프루트, 라벤더, 만다린, 팔라로사, 로즈, 로즈우드, 일랑일랑	수렴, 연화, 정화
건조하고 민감한 피부	로만 · 저먼 캐모마일, 프랑킨센스, 재스민, 로즈우드, 산달우드	수렴, 세포 촉진, 조직 재생
건선, 마름버짐	샌달우드, 프랑킨센스, 네롤리	수렴, 노습, 세포 재생
늘어진 피부	제라늄, 그레이프프루트, 만다린, 스위트 마조람, 네롤리	수렴, 혈관확장
주름, 노화	프랑킨센스, 제라늄, 재스민, 만다린, 네롤리, 팔마로사, 패츌리, 로즈, 로즈우드, 클라리 세이지, 샌달우드, 일랑일랑	세포 재생 및 촉진, 수렴, 세프보호, 주름완화

보디 라인을
살려주는
발레 동작

불과 4~5년 전까지만 해도 여자 연예인들 사이에 요가
가 붐을 이뤘다. 하지만 최근에는 몸의 잔 근육을 키워
탄력적인 피부를 만들어주고, 자세를 교정해 전체적인
라인을 아름답게 가꿔주는 발레가 그 뒤를 대신하고 있
다. 나 역시 바쁜 스케줄에도 일주일에 한두 번은 꼭 발
레 교습을 받고 있을 정도로 발레의 매력에 흠뻑 빠져 있
다. 발레 동작의 기본은 뭐든지 쭉쭉 늘여주는 것. 팔은
양쪽에서 잡아당기듯 쭉 뻗어주고 팔을 모을 때도 최대
한 멀리 보내는 느낌으로 해야 한다. 어깨는 편안하게 내
리고 목은 최대한 곧게 쭉~ 잡아당긴다. 각각의 신체 부
위에 맞는 발레 동작은 기본적으로 몸매를 교정하는 데
큰 도움이 되고 탄력을 높이는 데 매우 효과적이다.

1. 팔의 탄력을 높이는 〈폴 드 브라〉

팔을 위로 뻗는 동작이다. 팔뚝 안쪽의 탄력을 높여주고 전체적인 상체의 라인을 잡아
주는 자세.

1. 양 무릎과 허벅지를 붙이고 척추를 곧게 편 후 목은 최대한 하늘로 끌어올린다.

2. 양쪽 팔을 머리 위로 서서히 들어올린다. 이때 손끝을 살짝 들어 최대한 바깥쪽으로
밀어내면서 곧게 펴서 들어올린다.

3. 손등이 마주하도록 팔을 위로 뻗는다. 몸의 중심은 움직이지 말고 최대한 상체를 위
로 늘린다는 기분으로 팔을 뻗는다.

2. 허리 탄력을 높이는 〈사이드 폴 드 브라〉

허리를 옆으로 구부리는 동작. 허리 라인을 탄력 있게 잡아주는 최고의 동작이다.

1. 발은 뒤꿈치를 서로 맞닿게 해서 일직선으로 놓는다.

2. 구부리는 쪽 반대 팔을 위로 올리고 서서히 허리를 활처럼 허리를 꺾는다.

3. 반대쪽도 동일하게 반복한다. 이때 허리가 당기는 느낌이 들 때까지 천천히 꺾는다.

3. 허벅지 탄력을 높이는 〈레티레〉

한쪽 다리를 무릎 위로 올리는 동작. 동작이 크지 않지만 큰 효과를 볼 수 있는 동작이다. 균형 감각이 좋아지고 복부와 다리, 엉덩이의 탄력도 높일 수 있다.

1. 양 발을 뒤꿈치가 맞닿게 일직선으로 벌린 뒤 그대로 한 발을 앞으로 가져다 붙인다. 전체적인 다리의 모양은 X자가 된다. 양손을 아래로 동그랗게 모아준다.

2. 몸의 중심을 고정하고 복부와 엉덩이에 힘을 준다. 한쪽 다리를 접어 올려 무릎에 붙인다. 팔은 허리 높이 정도로 들어준다.

3. 허벅지가 당기는 느낌이 들 때까지 다리를 서서히 올린다. 양손은 동그랗게 모아 위로 함께 올린다. 몸의 중심은 움직이지 말고 최대한 상체를 위로 늘린다는 기분으로 팔을 뻗는다. 반대쪽도 반복한다.

4. 복부 탄력을 높이는 〈캄블레〉

한 팔을 들고 상체를 가볍게 뒤로 젖히는 동작. 복부 탄력을 높이고 허리와 다리 라인도 바로잡아 탄력 있는 라인을 만들 수 있다.

1. 양 발의 뒤꿈치를 맞대고 발은 45도 각도로 벌린다. 다리를 쭉 편 상태에서 오른팔을 위로 올려 동그랗게 만들고 왼팔을 아래로 내려 동그랗게 만든다.

2. 시선은 들어올린 오른쪽 손끝을 향하고 허리와 배에 힘을 주면서 서서히 상체를 뒤로 젖힌다.

3. 상체를 꼿꼿이 세우면서 다리를 쭉 펴고 뒤로 젖혀야 복근운동이 된다.

Thanks to

바쁜 스케줄에도 자신만의 노하우와 경험에서 나온 생각들을 이 책에 담을 수 있게 해준 친구 우희진, 성현아 씨. "고맙습니다. 밥 한 끼 꼭~ 쏘겠습니다."

시니컬하고 무뚝뚝하고 나한테만 불친절한, 하지만 언제나 용기를 내도록 도와주는 매니저 호정이. 어려운 일이 있을 때마다 앞장서서 도와주고 일에만 집중할 수 있도록 이끌어주시는 국대표님. "항상 고마워하고 있습니다!!"

책을 준비하는 동안 가장 많은 시간을 함께한 그녀들. 말이 좋아 디테일이지, 오만가지 일에 신경 쓰며 알게 모르게 스트레스 엄청 받았을 선화 씨와 주희 씨. 피부에 좋은 복숭아와 스파클링 워터로 응원해주신 8월의 산타클로스 부장님. "무지무지 고생 많으셨습니다."

어떻게 좋은 피부를 유지하냐는 질문에 "특별히 관리하는 것은 없고, 그저 남들보다 조금 좋은 피부를 가지고 태어난 것 같다."는 멘트를 날릴 수 있도록 좋은 피부를 물려주신 사랑하는 나의 부모님. 드라마 스케줄과 빠듯한 출간 일정에 지치고 힘들 때마다 따뜻한 밥 한 끼와 편안함으로 가족의 소중함을 느낄 수 있게 해주신 시부모님. "감사드립니다."

그야말로 쿨~한 나의 사랑, 나의 남편. 앞에 나서서 도움을 주거나 애정 공세는 하지 못하지만 언제나 묵묵하게 응원해주고 지원해주는 당신. "완전 사랑해요."

송선미의 러블리 스킨

펴낸날	초판 1쇄 2009년 12월 25일

지은이　송선미
펴낸이　심만수
펴낸곳　(주)살림출판사
출판등록　1989년 11월 1일 제9-210호

경기도 파주시 교하읍 문발리 파주출판도시 522-1
전화 031) 955-1350　팩스 031) 955-1355
기획·편집 031) 955-4662
http://www.sallimbooks.com
book@sallimbooks.com

ISBN 978-89-522-1310-5 13590

* 값은 뒤표지에 있습니다.
* 잘못 만들어진 책은 구입하신 서점에서 바꾸어 드립니다.

책임편집 한선화